電力マーケティング

~その本質と未来~

未来を予測する最良の方法は、それを発明することである。

アラン・ケイ

私はLiving For Todayという言葉が好きです。
未来のために今があるのではなく今のために未来と過去がある。
今一番したいこと、出来ること、すべきことに全力投球したい。
未来と過去はその結果と手段にすぎない。

三浦康英

本書の特徴と要約

　この本を手に取っていただいたことにまずは御礼申し上げたい。
　あなたの時間を無駄にしないためにも、最初に本書の特徴と意図・要約を端的に紹介する。あなたの興味やニーズに合致することを願いたい。ある程度合致した場合は、ぜひ読み進めていただきたい。

(1)特徴

　本書は、電力会社向けにマーケティングをカスタマイズした本である。
　コトラーに代表される一般的なマーケティング本は世に数多存在するが、電力会社に特化したマーケティング本はほぼない。電気という商材そのものの特徴や、電気の製造(発電)・流通(送配電)・販売(小売)に長年取り組んできた電力会社従業員の特性を踏まえたマーケティングの本、それが本書の最大の特徴である。

　本書はいわゆるノウハウ本ではない。よって、すぐに役立つものを探している方には向かないかもしれない。マーケティングを本格的に勉強したい電力会社の関係者をメインターゲットとし、長期的に通用するようマーケティングの基本や本質を押さえ、全体を体系的・構造的にとらえつつ各パーツを説明する本としたつもりだ。ただし、電気に限らずエネルギー関係者(特にガス)には十分適用可能と考えている。

　また、本書は小売電気事業者の顧客接点におけるサービスやコミュニケーションの領域に重点を置いている。伝統的なマーケティング戦術の分類4Pでいえば、プロダクトやプライスよりもプロモーションやプレイス寄りの本ということになる。この領域を中心に提供される「顧客体験価値」は、電気に限らず小売を行う業界全般で注目されて久しい。本書ではこれに着目し、電力会社(とくに小売電気事業者)における顧客体験価値向上の領域をスコープとしている。
　このようにスコープを絞り込んでいる最大の理由は、筆者がこれまで学習・経験してきた内容を踏まえ、自信を持って語れるのがこの領域だからということになる。同じ理由により、本書で語る様々な目線が自由化前からある旧一般電気事業者(旧一電)目線となっていることが多い。

(2)意図・要約

　本書には2つの意図がある。一つは電力会社へのマーケティング浸透を促すこと。もう一つは電力マーケティングの本質を明らかにし、そこに未来の種を見いだすこと。これらについては最後の終章にて明らかにし解説する。

第1章～第8章の要約は次の通り。

- **本書の骨子(電力マーケティングの本質を理解したうえで実施すべき試行錯誤の方向性)**
  - ターゲットとなるコミュニティに対する時代も見据えた深い洞察のもと、サービスやコミュニケーションの特徴を踏まえて顧客とともに体験価値を共創していく。

- **マーケティング全般**
  - マーケティングはあらゆるビジネス機能の中で最も顧客と関わる部分が大きく、企業利益を目的とはしないが、成果としての利益創出にはこだわらねばならない。
  - 社内のファクトデータを指標としたCRMに顧客の感情データを加味した顧客体験マネジメントが今後重要になる。

- **ターゲティング(WHO)**
  - 電力マーケティングはコミュニティに対するマーケティングのため、キーパーソンを中心としたコミュニティ理解がすべてのベースとなる。
  - 顧客ID統合によるシングルソースデータ化(同一顧客の多面的情報を捉えたデータ)がマーケティングDX推進の要。

- **提供価値(WHAT)**
  - 製品と価格による差別化が最もパワフルではあるがコモディティ化しやすいため、製品を取り巻くサービスやコミュニケーション(＝顧客体験価値)で商品力を向上していく必要がある。
  - 変化の激しい現代においては、デザイン思考×リーンスタートアップ×アジャイル開発で、小さく・早く・たくさん・正しく失敗し、価値を顧客と共創することが大事。

- **サービスやコミュニケーション(HOW)**
  - タッチポイントは5つに分類でき、それぞれ特徴・長所が異なる。長所を活かした最適な組み合わせと、顧客起点での統合マネジメントがDX時代におけるタッチポイントの方向性。
  - コミュニケーションの価値や意味は使用と伝達の狭間で生成され、顧客の願望やニーズが情緒的・自己実現的価値を生む。
  - 電気は特殊なサービス財。サービス・マーケティングの考え方を取り入れたサービス設計やマネジメントが重要。
  - 二次的(表層)機能の領域で各タッチポイントから最後にバトンを受け取った"人"の最後の一手で感動体験を生む。

CONTENTS
[目次]

本書の特徴と要約 …………………………………………………………… 4

第1章 マーケティングとは …… 11
- **1-1** 企業活動から見たマーケティング ……………………………… 12
- **1-2** マーケティング・プロセス …………………………………… 14
  - **1** STP+4P ……………………………………………… 14
  - **2** WHO-WHAT-HOW ………………………………… 17
  - **3** ブランドの生成 ……………………………………… 18
  - **4** STP+4P+WHO-WHAT-HOW+ブランド ………… 20
- **1-3** 電力マーケティングの特徴 …………………………………… 21
  - 歴史コラム① 電気とマーケティングの歴史 ………………… 24

第2章 企業利益とマーケティング目標 …… 27
- **2-1** ビジネスゴール（KGI）とプロセス目標（KPI）の構成 ……… 28
- **2-2** LTV指標を用いたCRM …………………………………… 30
- **2-3** CRM+感情データ=CXM ………………………………… 33
  - 歴史コラム② マーケティングの発展と変容のステップ ……… 37

第3章　ターゲティング（WHO）……39

- 3-1　電気のターゲットはコミュニティ …… 41
- 3-2　コミュニティを考察する …… 42
- 3-3　顧客理解に必要な情報 …… 47
  - ❶ 顧客のモノとヒトの情報 …… 48
  - ❷ ヒトの行動データがDXにもたらすインパクト …… 49
  - ❸ ヒトの情報を把握する調査手法 …… 51
- 3-4　ターゲティングの分類 …… 54
- 歴史コラム③　1900年代初頭における日本のマーケティング的な行為 …… 56

第4章　提供価値（WHAT-①）……59

- 4-1　ポジショニングとは何か …… 61
- 4-2　ポジショニングの好事例「WORKMAN Plus」 …… 62
- 4-3　価値の分類 …… 64
- 4-4　価値向上策と商品概念の拡張 …… 65
  - ❶ 基本的価値と付加的価値の向上 …… 66
  - ❷ 商品概念の拡張 …… 69
- 4-5　価値向上の3つの領域 …… 70
- 歴史コラム④　希代の電力マーケター　小林一三 …… 74

第5章　CXとデザイン思考（WHAT-②）……77

- 5-1　CXとは …… 78
- 5-2　デザイン思考とは …… 82
- 5-3　人の行動・感情・体験を変えたデザイン事例「ママ代行ミルク屋さん」 …… 84
- 5-4　デザイン思考×リーンスタートアップ×アジャイル開発 …… 86
- 5-5　長期で通用するコンセプトや構想の重要性 …… 88
- 歴史コラム⑤　小林一三が主導したマーケティング改革 …… 91

CONTENTS

第6章 タッチポイントとコミュニケーション（HOW-①）……93

- **6-1** 顧客体験の構造 …… 94
- **6-2** タッチポイント …… 96
  - 1 タッチポイントの分類・特徴 …… 97
  - 2 タッチポイントの方向性 …… 100
  - 3 OMO（Online Merges with Offline）…… 104
- **6-3** コミュニケーション …… 106
  - 1 今日的なコミュニケーションモデル …… 107
  - 2 顧客ニーズ顕在化の重要性 …… 109
  - 3 その顧客だけの特別な物語 …… 111
- **歴史コラム⑥** マーケティング先進国アメリカとの比較 …… 113

第7章 サービス（HOW-②）……115

- **7-1** 真実の瞬間 …… 116
- **7-2** サービスの特徴と今日的位置づけ …… 119
  - 1 サービスの4つの特徴 …… 119
  - 2 電気は物財かサービス財か …… 120
  - 3 サービス・ドミナント・ロジック …… 122
- **7-3** サービスの品質 …… 123
  - 1 電気のサービス品質 …… 124
  - 2 付加的サービスの重要性 …… 126
  - 3 サービス品質マネジメント …… 128
- **歴史コラム⑦** 電気事業の特殊性 …… 133

第8章 感動まで行き着くには（HOW-③）……135

- **8-1** 不満をなくすサービスと感動を得るサービス …… 136
- **8-2** 二次的（表層）機能の戦略的リソース投入 …… 138
- **8-3** 感動とAIと心 …… 140
- **8-4** 最後の一手は"人" …… 141
- **歴史コラム⑧** 小林一三の異能 …… 144

終章　本書の意図と電力マーケティングの本質……147

1. 電力会社にマーケティングが浸透しない理由 ………… 148
2. 本質と未来 ……………………………………………… 151
3. 電燈従業員心得 ………………………………………… 153
4. 電力マーケティングの本質 …………………………… 155

巻末資料

巻末資料1	イノベーター理論と訴求内容のセオリー ………………………… 160
巻末資料2	大正から昭和初期（1910～1950年頃）の電気事業の状況 ……… 164
巻末資料3	マーケティング黎明期の成功事例"T型フォード" …………… 166
巻末資料4	節電・DRと企業利益 …………………………………………… 168
巻末資料5	家族ペルソナ構築プロセス …………………………………… 170
巻末資料6	PPAモデル"エネカリプラス" ………………………………… 174
巻末資料7	東京電燈 小山出張所開所記念 家庭用電気機器の展覧会 ……… 175
巻末資料8	大正・昭和初期の洋風消費財を扱う新興企業の広告（サントリー、森永、花王、ライオン） ……………………… 178
巻末資料9	クープマンの目標値とランチェスター戦略 ………………… 183
巻末資料10	電気は財物か現象か ………………………………………… 186
巻末資料11	電燈従業員心得 ……………………………………………… 187

あとがき・謝辞 ……………………………………………………… 198

〈索引〉 ……………………………………………………………… 200

〈参考図書・論文一覧〉 …………………………………………… 206

第1章
マーケティングとは

第1章 マーケティングとは

マーケティングとは何か。電力会社の社内で「マーケティング」というワーディングを聞くことも最近は多くなった。前後の文脈から想像するに、以下のいずれかの意味合いで使っていることが多いようだが、これらはマーケティングの一面は説明しているものの全体は説明していない。

・マーケティングとは市場調査のことだ→✕
・マーケティングとは広告や販売促進のことだ→✕
・マーケティングとは営業のことだ→✕

マーケティングを正確に定義することはなかなか難しく、これを端的に答えられる人は電力会社の中では稀だ。正解があるわけではないので、自分なりの解釈と腹落ちが重要となる。

マーケティングとは何かを理解するために、より大きな枠組みである企業活動からみたマーケティングの位置づけを簡単に確認した後、マーケティングの構成や実行ステップなどのプロセスを内部から確認してみよう。

1-1 企業活動から見たマーケティング

現代マーケティングを作り上げてきた3人の世界的権威、ドラッカー、レビット、コトラーの言葉から推察していく。

> **社会生態学者、20世紀の知的巨人、マネジメントの父**
> **ピーター・F・ドラッカー(Peter F.Drucker)1909〜2005年**
> ●企業の目的は、顧客の創造である。したがって、企業は2つの、そして2つだけの基本的な機能を持つ。それがマーケティングとイノベーション

- である。マーケティングとイノベーションだけが成果をもたらす。
- マーケティングの理想は、販売を不要にすることである。マーケティングが目指すものは、顧客を理解し、製品とサービスを顧客に合わせ、おのずから売れるようにすることである。

マーケティングを経営の中枢に押し上げた人、マーケティングの巨匠
セオドア・レビット（Theodore Levitt）1925〜2006年

- ビジネスを突き詰めれば、たった2つの要素、つまり「金」と「顧客」にいきつく。立ち上げるために金が必要で、続けるために顧客が必要で、既存顧客を維持し、新規顧客を獲得するためにまた金が必要となる。したがって、どのようなタイプのビジネスであろうと、"財務"と"マーケティング"が企業の二大活動である。
- マーケティングと販売は、字義以上に大きく異なる。販売は売り手のニーズに、マーケティングは買い手のニーズに重点が置かれている。

近代マーケティングの父、マーケティングの神様
フィリップ・コトラー（Philip Kotler）1931年〜

- マーケティングとは、個人や集団が、製品および価値の創造と交換を通じて、そのニーズや欲求を満たす社会的・管理的プロセスである。
- マーケティングは他のいかなるビジネス機能にもまして顧客と関わる部分が大きい。顧客の価値と満足を理解し、創造し、伝え、提供することこそが、現代のマーケティングの理論と実践の本質である。
- マーケティングの定義については、ごく簡単な定義をすれば、顧客を満足させて利益を得ることとなるだろう。

　マーケティングは企業活動の根幹のひとつであり、あらゆるビジネス機能の中で最も顧客と関わる部分が大きく、調査や広告等の狭い領域ではなく、かなり大きな領域を示す言葉であることがわかる。

1-2 マーケティング・プロセス

ここからは、いくつかのセオリーを段階的に組み合わせていく形で、マーケティングの構成や実行ステップなどのプロセスを内部から確認していく。

1 STP+4P

セグメンテーション・ターゲティング・ポジショニング（以後、STP）や、製品（product）・価格（price）・流通（place）・プロモーション（promotion）の4Pモデルは長く世界中で使われているコンセプトあるいはフレームワークであり、マーケティングを進めるうえで基本中の基本だ。コトラーも近著で「世界中で現代のマーケターにとって普遍的なもの」と述べている。

これらを使ったマーケティングステップのセオリー（マーケティング・プロセス）を図1-1に示す。

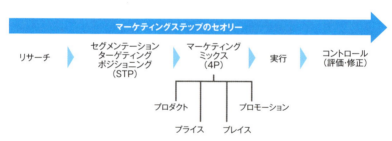

出所：フィリップ・コトラー著、木村 達也訳『コトラーの戦略的マーケティング いかに市場を創造し、攻略し、支配するか』（ダイヤモンド社）を参考に著者作成

図1-1　マーケティング・プロセス

用語解説

✓ **リサーチ**

事業環境や顧客理解のための調査・分析。代表な分析フレームとしては、ファイブフォース分析、SWOT分析、3C分析などがある。調査の種類については 3-3 ❸「ヒトの情報を把握する調査手法」参照。

✓ セグメンテーション

市場細分化のこと。市場や生活者を何らかの切り口で区分し、特定の属性ごとに細分化すること。代表的な切り口として地理的変数、人口統計的変数、心理的変数、行動変数などがある。

✓ ターゲティング

市場選択のこと。アプローチ対象とする市場や生活者を絞り込み・選択すること。選択する際の考慮事項として、市場規模、競合状況、成長性、波及効果、到達可能性、計測可能性などがある。

✓ ポジショニング

提供価値を決めること。自社が提供する価値をユニーク(独特・独自)なものとし、生活者の心の中に明確なポジションを構築すること。独自性(他と違うこと)と優位性(他より優れていること)のいずれか、もしくは両方が必要。また、意図するポジションを根付かせるためには、ポジショニングと4Pの整合が重要。

✓ プロダクト

商品政策のこと。自社がどのような商品を開発し提供していくかに関する活動。ネーミング、製品やパッケージのデザイン、付随する保証やサービス、どのような商品群にするかなども含まれる。

✓ プライス

価格政策のこと。商品にどのような価格を設定するかに関する意思決定。取扱流通業者へのマージン体系やキャンペーン値引きなども含まれる。

✓ プレイス

流通政策のこと。商品をどのような経路や手段で顧客に届けるのかに関する活動。物(製品・部品)の移動である物流と、取引(所有権・金銭・情報)の流れである商流がある。

✓ プロモーション

コミュニケーション政策のこと。商品の情報や価値を顧客にいかに伝えていくかに関する活動。狭義の意味として購入前の販売促進活動を示すことが多いが、広義では購入後の利用促進や満足を得るための活動も含まれる。

✓ コントロール

効果測定とモニタリング管理のこと。効果を測定・評価し、戦略・戦術の見直しを行う。

ここで紹介した用語は一般的なものであるが、これを電気事業に当てはめると留意すべき点がある。ここではポイントのみ記す。

電気事業における4Pの特徴・留意点

✓**プロダクト**(⇒主に 4-4 「価値向上策と商品概念の拡張」で解説)

　同じ送配電網を使っている限り、電気そのものでの差別化は基本的には困難となる。ただし、環境価値やプラスアルファのサービスを付与することによる差別化は可能。

＜プロダクトでの差別化方法の例＞
　　a.環境価値の付与(ex.再エネ100％での発電を保証する証書やメニュー)
　　b.サービス付与(ex.アフターサービス、機器故障時のかけつけサービス付与)

✓**プライス**(⇒主に 4-3 「価値の分類」で解説)

　電気料金は、①国の方針・世界情勢・為替などに大きな影響を受ける、②公共サービス的側面を有し薄利多売である、③使用量に応じて料金を払う「後払い方式」であるなどの特徴を持つ。

　また、顧客から見た際の電気料金には金銭的コスト以外に、時間や労力がかかるといったコストや、心理的負担などのコストもあり、顧客はこれらを感覚的にトータルで判断している。

✓**プレイス**(⇒主に 6-1 「顧客体験の構造」で解説)

　電気の「物流」とはすなわち送配電網のことである。特定エリア内の各電力会社はすべて同じ送配電設備を使っており、価値提供という観点で物流での差別化ができない。

　よって、本書では特別明記がない限りプレイスとは「商流政策」のことを指し、所有権・金銭・情報の経路を適切に整える活動を指す。また、この経路のことをチャネルと呼ぶ場合もある。

✓**プロモーション**(⇒主に 6-3 「コミュニケーション」で解説)

　価値や情報の伝達のことを指すが、電力会社の従業員は電気の送電ロスのイメージがあるのか「製品にすべての価値が内包しており、それをいかにロスなく伝えるか」と暗黙的に考えていることが多い。この考え方はマーケティング上では正しくない。

　まったく同じ製品でもコミュニケーションの違いで提供価値は変化するし、場合によっては企業の意図を超えた価値が生成されることもある。なお、プロモーションを顧客目線で言い換えたものがコミュニケーションとなるが、企業目線か、顧客目線かの違いであり、同じものを示している。

2 WHO-WHAT-HOW

マーケティング施策を考えるときに使用するマーケティング・プロセスの一種に、「WHO-WHAT-HOW」のフレームワークがある。

> **WHO**：誰に／ターゲット顧客
> **WHAT**：何を／提供価値
> **HOW**：どのように／実現方法

あるコンサルタント会社ではWHO + WHATを「顧客戦略」と呼び、HOWは「それを実現するための方法論」と定義し、電力会社を含む多くの企業は顧客戦略を明確にしないままに方法論から入ることが多く、目的が不明瞭なため何が正解かがわからないままやみくもに施策を実行していると指摘する。耳の痛い話である。

このWHO-WHAT-HOWのフレームを用いる際によくある誤りが、WHATをプロダクト（製品）と誤認して、プロダクト自体が持っている価値を顧客に伝えようとしてしまうことだ。

実は、プロダクト（製品）自体に最初から価値があるわけではない。これは有形の物財（モノ）だけでなく、無形のサービスの場合も同様なのだが、五感で感じ取れる何かを受け取った顧客がその解釈により便益を見いだし、競合の製品やサービスと比較した際の独自性や優位性を見いだすことで価値が"後から"生じるのだ[1]。

この"価値は事後的に発生する"は、本書の各所に影響する重要な事項なので覚えておいていただきたい。

---

[1] ただし、**本書では以降で**「商品そのものの価値」「サービスの価値」「価値提供」のように表現することがある。これは当該文章の意図と伝わりやすさを重視し「**商品やサービスを通じて顧客に伝わり見いだされること**により生じる価値」を略しているのであり、価値は事後的に発生することを否定しているわけではない。

3 ブランドの生成

マーケティング・プロセスを完成させるために、「ブランド」について取り上げる。

ブランド(BRAND)の語源は、放牧している牛などの家畜に「焼き印」をつけたことにあると言われている。自身の牛と、他人の牛を区別するための印ということだ。

今日のブランドについても、他の財やサービスと区別することが最も基本的な役割・機能となるが、様々な人や組織がそれぞれの立場でブランドに関する定義や解釈を述べている。大事な点は、ブランドは単なる名前ではなく、当該商品やサービス、あるいは企業組織などが提供する価値の総体として存在しているという点である。

ところで、企業が顧客に認識して欲しいと思っているブランド(=ブランド・アイデンティティ)と、顧客が認識しているブランド(=ブランド・イメージ)が異なる場合、どちらが本質的に正しいブランドであると言えるだろうか。企業からすると自社が認識するブランド・アイデンティティこそが正しいと思いたくなるが、残念ながら後者のブランド・イメージが本質となる。ブランドは企業内部には主体的に存在せず、市場(生活者)に客体化されて存在する。要は、企業がいくら「これがブランドだ」と思っていても、市場にそれが認識されなければ、ブランドとして存在しえない。

ブランド論で有名なデヴィット・A・アーカーによるブランドがもたらす価値の3分類はマーケティング分野でよく使われる。**図1-2**ではこの分類をベースに、エコキュートや蓄電池などの住設機器の価値を考えた場合を例示した。

機能的価値だけを見れば、その価値は企業が定義・製造した価値がほぼそのまま顧客の価値となり得るが、情緒的価値や自己実現的価値は顧客の心理的なニーズと合致して初めて価値が生じる。つまり、「○○時間停電になっても電気と水が使える」という価値は企業が作り出すものだが、「安心感」や「頼れる人になる」という価値はそもそもそうしたニーズ(不安や願望)が

	特徴・概要	例	
自己実現的価値	自己表現や自己実現の価値	自分らしくいられる、理想の自分に近づける、自信が持てる etc	家族を守れる頼れる夫・父になれる
情緒的価値	商品の所有・利用がもたらす心理的・感情的な価値	安心感・楽しさ・高級感・格好良さ etc	長時間停電になっても大丈夫で安心
機能的価値	商品の規格・機能・性能が直接的にもたらす価値	早い・長い・安い・簡単・頑丈 etc	○○時間停電になっても電気と水が使える
商品の規格・機能・性能			エコキュートや蓄電池の容量 ○○L、○○KW

アーカーが示したのは"便益(ベネフィット)"の3分類であるが、図ではこれを"価値"に言い換えている。本書では、"便益"は企業やマーケターが考えて用意する顧客にとっての効果・恩恵、"価値"は顧客が感じる効果・恩恵として使い分けており、後述の解説や主張との親和性に鑑み"価値"に言い換えた。

図1-2　ブランドがもたらす価値の3分類

あることを前提に、機能的価値がそれらを解消・達成することが理解されないと生成されない。

そしてブランドは、合理的な評価が可能な機能的価値や、共感や感覚的な評価を行う情緒的価値・自己実現的価値の総体として存在する。このため、本質的なブランドは事後的に生活者の頭の中で生成されることになる。

原子力における「安全」と「安心」が、まさしく機能的価値と情緒的価値の違いを表現している。安全とは機能的なものであり、安心とは情緒的なものだ。原子力に詳しい専門家であれば、安全設備や運用方法を説明するだけで機能面が理解され、安心を得ることができる。ただし、原子力に詳しくない一般的な人はそうはいかない。設備や仕組み、運用がどういう効能や価値をもたらすのかを、相手の知識や興味に合わせてわかりやすく説明しなければ、安心にはつながらない。

企業が意図するイメージを顧客に抱いてもらうには、知識や関心、ニーズに合致する適切なコミュニケーションやサービスを地道に継続して実施していかなければならない。そうでなければブランドは客体化されず、存在しないも同然となる。

なお、規格・機能や心理的価値の訴求タイミングやターゲットのセオリーついては、**巻末資料1**にてプロダクト・ライフサイクルやイノベーター理論を使って解説しているので、必要に応じて参照いただきたい。

4 STP+4P+WHO-WHAT-HOW+ブランド

コトラーが示したマーケティング・プロセスはSTPを戦略部分、4Pを戦術部分と呼ぶことがある一方、WHO-WHAT-HOWではWHO＋WHATを顧客戦略、HOWを方法論と呼ぶ場合があり、これらのフレームワークには共通点がある。

加えて、プロモーションやプレイスだけでなく、プロダクトやプライスから発するメッセージなども含めたトータルなマーケティング・コミュニケーションの結果として価値の総体たるブランドが生成されるとの考え方が統合型マーケティング・コミュニケーション（IMC）であるが、これらを取り入れたマーケティング・プロセスの概念図が**図1-3**となる。

様々な調査を経て、誰に、どんな価値を提供するのかを決めるのがセグメンテーション・ターゲティング・ポジショニングであり、これをコンセプトということもある。定められたターゲット顧客に価値を提供するための方法論が4Pによるマーケティングミックスだ。こうした活動を通じて生活者の頭の中で当該企業や商品サービスに対するブランド・イメージが生成されることになる。

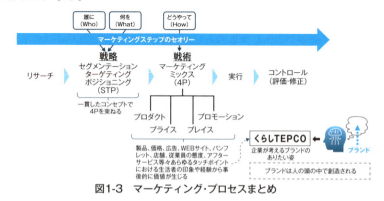

図1-3　マーケティング・プロセスまとめ

マーケティングとは何かを理解するため、より大きな枠組みである企業活動からみたマーケティングの位置づけを外から確認した後、マーケティングの構成やステップなどのプロセスを内部から確認した。これらを踏まえてマーケティングを定義すると次の通りとなる。

> マーケティングとは、顧客を創造・維持することで成果（企業であれば利益）を得つつ、持続的に価値を共創することである。

本章冒頭に記載の通り、マーケティングの定義に正解があるわけではない。自身で腹落ちすることが大事だ。本書を目にした方がそれぞれの解釈で定義すればよく、今後、学習と経験を積み重ねる中でマーケティングへの理解が深まれば定義も変わってくるだろう。

1-3 電力マーケティングの特徴

さて、マーケティングとは何かを大枠で理解した後は、電力会社におけるマーケティングの特徴を紹介したい。ここでは概要のみ紹介し、詳細については各章の関連する箇所でそれぞれ解説する。

電力マーケティングの特徴

①ターゲットはコミュニティ（⇒主に第3章で解説）

電気は家庭用であれば家族、法人であれば企業などのコミュニティに対して価値提供を行っている。家庭や企業のキーパーソンは自身が属するコミュニティにとって良い商品サービスを選ぶ。

②電気は特殊なサービス財（⇒主に第7章で解説）

電気は、製造・流通は物財と同じように振る舞うが、最終消費の断面ではサービスの4つの特徴「無形性」「生産と消費の同時性」「顧客との

共同生産」「結果と過程が等しく重要」を有し、サービス財となる。

> ③**顧客体験が重要視される**(⇒主に第4章と第7章で解説)
> 　電気が持つ特徴(最終消費でサービス財として振る舞う、コモディティ商材で差別化が難しい、電気供給箇所と便益発生箇所が異なる)から、便益・効用発生箇所における顧客体験の重要性がより強調される。

　上記3つの特徴はそれぞれ、WHO(ターゲティング)、WHAT(提供価値)、HOW(サービスやコミュニケーション等)に関係が深く、電力会社のマーケティング・プロセス全般にわたっている。

　BtoCの業界における商材は一般的にコミュニティではなく個人をターゲットとすることが多く、マーケティングは物財(モノ)のマーケティングから発祥・発展し、サービス・マーケティングはその後に発達した。さらに、顧客体験が特に注目されてきたのは比較的最近のことだ。こうしたことが、一般的なマーケティング理論を電力会社にそのまま適用することが難しかった背景にある。

　これから該当する各章にて、それぞれの特徴を紐解きつつ関連する事象も含めて解説していくが、その際は**図1-4**を用いる。3つの特徴や関連事象を説明している目印として欲しい。

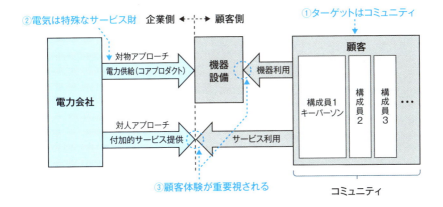

図1-4　電力マーケティング3つの特徴

> **第1章のポイント**
> ●マーケティングの正確な定義は難しく、自分なりの解釈と腹落ちが大切。
> ●マーケティングは、あらゆるビジネス機能の中で最も顧客と関わる部分が大きい。
> ●マーケティングのプロセスはSTP+4PやWHO-WHAT-HOWのフレームワークを用いて構成される。
> ●電力マーケティングの特徴は「①ターゲットがコミュニティ」「②電気は特殊なサービス財」「③顧客体験が重要視される」の3つ。

歴史コラム①

電気とマーケティングの歴史

　エジソンが世界で初めて白熱電灯の開発に成功したのが1879(明治12)年。その前年にエジソンは白熱電灯普及を目的に電灯会社を設立していた。

　日本においては、1882(明治15)年に大倉喜八郎らが発起人となり東京電燈(東京電力の前身)の設立を東京府知事に出願(許可が下りるのは翌年)。このころの日本は鎖国後の文明開化の時代だ。同年は銀座にアーク灯がはじめて灯り、浅草の神谷バーでデンキブラン(ブランデーベースのカクテル)が生まれた年でもある。当時、電気は目新しいものの象徴で、デンキブランはハイカラな飲み物として人気を博した。

　東京電燈が発電所からの電力供給を開始した1887(明治20)年以降、日本の各地に電灯会社が次々に設立・開業し、電灯が急速に普及。エレベーターや電車など電気は動力用にも利用され、次々に発電所が建設されていった。

　これ以降、大正から昭和初期(1910～1950年頃)にかけて、「三電競争」や「電力戦」と呼ばれる激烈な電力会社間競争が展開される(**巻末資料2**)。昭和初期のピーク時には全国に800を超える電気事業者が乱立するが、日本発送電の下に9配電会社が連なる国家管理の時代を経て、発電・送電・配電の一貫経営を基軸にした9電力体制がスタートしたのは1951年のこと。

　その4年後、1955(昭和30)年に日本生産性本部のアメリカ視察をきっかけに日本にマーケティングという言葉が初めて伝わった。

マーケティングが誕生した地はアメリカだが、その時期は諸説ある。「marketing」という用語が名詞として使われ始めたのは1900〜1910年頃とされている。アメリカのいくつかの大学でマーケティングの講座がスタートし、初期のマーケティング成功事例としてよく取り上げられるフォード社の「T型フォード」が発売されたのもこの時期だ(**巻末資料3**)。コトラーが1900〜1960年代を「マーケティング1.0」と設定していることもあり、この1900年代初頭をマーケティングが発祥した時代と認識している人が多い。

一方、「marketing」という用語ができる前の1800年代の終わり頃、活動の実態としてはマーケティング的なことが行われており、これをマーケティングの発祥とする考え方もある。このころのアメリカは、鉄道と通信網の発達により広範囲の市場で売っていくための諸条件が整いつつある中、生産技術の発達により各産業で過剰生産傾向にあったため、これを売りさばくための需要刺激や流通問題に関心が高まっていた。こうした背景から、製造企業(メーカー)が流通に進出し自社営業網の構築を行っていくといった垂直的な市場掌握活動が行われるようになってきた。南北戦争後、1870〜1880年代での出来事だ[1]。

この1870〜1880年代をマーケティング発祥時期とすれば、商業利用としての電気の発祥時期と重なる。電気とマーケティングは人に例えれば同年代で、ともに約140年の歴史があるということだ。偶然の一致であるが興味深い。

---

1) 堀越比呂志著『アメリカ・マーケティング研究史15講 対象と方法の変遷』(慶應義塾大学出版会)、薄井和夫著『アメリカ・マーケティング史研究 マーケティング管理論の形成基盤』(大月書店)を参考にした。

第2章
企業利益とマーケティング目標

第2章 企業利益とマーケティング目標

　企業における様々な活動は、最終的には利益に結び付けなければならず、マーケティングも例外ではない。マーケティング・プロセスの核心に入る前に、企業利益とマーケティング目標について整理する。

　すでに述べたように、企業におけるマーケティングは、あらゆるビジネス機能の中でもっとも顧客と関わる部分が大きく、"顧客への価値提供"にこだわり抜くことが本質である。だからといって、長期的な企業利益を損ねてまでマーケティング活動を続けることはできない。マーケティングにおけるもっとも重要なステークホルダーは顧客だが、企業経営のステークホルダーは他にも多くあり、利益に結び付かない活動を続ければ、経済活動や市場から排除されることになる。
　むしろ、顧客に対し長期的に価値を提供し続けるためにも、利益にこだわり、利益に紐づくマーケティング活動を行っていく必要がある。
　ただし、マーケティングは利益を目的とはしない。目的はあくまで顧客への価値提供あるいは価値の共創であり、利益はその結果得られる成果だ。このことは強調しておきたい。

2-1 ビジネスゴール（KGI）とプロセス目標（KPI）の構成

　「ビジネスゴール」とは主に利益や売上のことであるが、本書ではゴールは目的ではなくビジネスとしての到達点や成果という意味合いで使っている。このビジネスゴールに対し、マーケティング目標はプロセス目標の位置づけになる。ビジネスゴールをKGI（重要目標達成指標）[1]、プロセス目標をKPI（重要業績評価指標）[2]と呼ぶこともある。
　電力会社（特に小売事業）におけるビジネスゴールとプロセス目標（マーケ

---

[1] KGI：Key Goal Indicator　[2] KPI：Key Performance Indicator

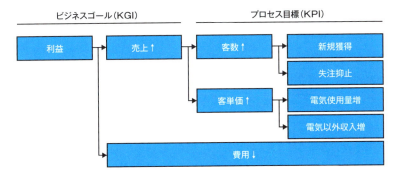

図2-1 電力会社の代表的なKPIツリー

ティング目標)の構成・関係性を示した代表的なKPIツリーを**図2-1**に示す。

用語解説

✓新規獲得

新規に顧客を獲得すること。主に契約口数で評価。供給エリア外からの引っ越し顧客の契約獲得や他電力に奪われた顧客を取り戻す奪回など。同じ会社内での経過措置メニューから新メニューへのスイッチングは、既存顧客のメニュー変更のため新規獲得ではない。

✓失注抑止

既契約者の契約解除を防止・抑止し契約期間を延ばすこと。主に失注率で評価する。新メニューへのスイッチングや省エネコンサルは失注抑止策となる。短期的な電気料金収入減分を、契約期間延長による生涯収入の増加分が上回れば利益を生み出せる。

✓電気使用量増

電気の使用量を増やすこと。主にkWhで評価する。ガスや灯油など他熱源から電気への熱源転換が主な活動となる。

✓電気以外収入増

電気以外の収入を増やすこと。主に売上高や利益で評価する。電気以外のサービスや住設機器販売による売上などが該当する。

✓費用減

費用削減のこと。主に金額で評価する。燃料費、購入電力料、減価償却費、修繕費、人件費、その他諸経費などが削減項目になる。

失注を抑止することによる経営面での効果は重要だが少しわかりにくいので具体例で補足する。

例えば、1～3月の失注口数が各月10口ずつだったとする（Aパターン）。失注抑止策により、1月失注10口が2カ月延長、2月失注10口が1カ月延長し、3月に30口失注したとする（Bパターン）。

> （失注Aパターン）1月：10口、2月：10口、3月：10口
> （失注Bパターン）1月： 0口、2月： 0口、3月：30口

AとBでは、累計失注口数は同じだが、3カ月間で得られる利益はA＜Bとなる。契約延長した分の収入が得られるからだ。

新メニューへのスイッチングや省エネコンサルは短期的な電気料金収入減となることが多いが、これまでよりも電気料金が安価になったり、サービスが充実したりすることでエンゲージメントが高まり、競合他社への失注が減る（あるいは延期される）はずだ。こうした契約期間延長による生涯収入増が短期的な電気料金収入減分を上回れば利益を生み出せることになる。

2-2 LTV指標を用いたCRM

図2-1に示すKPIツリーの売上増に連なる一番右の4つの目標（新規獲得／失注抑止／電気使用量増／電気以外収入増）のうち、旧一般電気事業者（旧一電）[3]と新電力[4]では重視するKPIが異なるだろう。旧一電は供給エリア内におけるシェアが100％だったが、自由化以降、新電力の進出によりシェアを下げてきている。重視するのは失注抑止を中心とした既存顧客に対する取り組みだ。逆に新電力はいかに顧客を旧一電から奪い取るかが大事であり、新規顧客の獲得をより重視する。

ただし、新電力も顧客が増えるにつれ、既存顧客に対する取り組みの重要

---
[3]旧一般電気事業者：地域ごとに電力自由化以前から電気事業を行っていた大手電力会社
[4]新電力：電力自由化以降に参入した小売電気事業者

度が増してくる。新規に獲得する顧客数よりも、既存顧客の解約の方が多くなっては意味がないからだ。

　また、市場そのものが拡大しているときは新規獲得による収益拡大が望めるが、人口減少などによって市場の成長がストップすると新規顧客獲得のハードルは高くなり、顧客獲得コストが増加する。

　既存顧客の場合、良好な関係を維持することができれば、契約継続や紹介・推奨、アップセル[5]やクロスセル[6]などが期待できる。新規顧客を開拓して利益を得るコストは、既存顧客を維持して利益を得るコストの5倍かかるという「1:5の法則」は以前からよくいわれていることだ。

　既存顧客に対するマーケティング活動を検討する際に欠かせない指標がLTV（顧客生涯価値）[7]となる。顧客満足度向上やロイヤリティ醸成など、顧客との関係を良好に保つことで利益を向上させるCRM（顧客関係管理）[8]活動との親和性が高い指標である。LTVは顧客が新規に取引をはじめて解約するまでの期間（ライフタイム）にどれだけの利益（バリュー）をもたらすかを算出したもので、LTVをベースに顧客獲得コストや顧客維持コストも算出できる。

　LTVにはいくつかの算出方法があるが、電力会社の場合は以下の方法が最も親和性が高い。

LTV ＝ ARPU[9] × 平均契約期間
　ARPU：1ユーザーの月あたり請求金額の平均値
　平均契約期間：1÷月次失注率

　ARPUは顧客単価のことで「アープ」と発音する。ARPUを上げ、長期契約が増えれば、会社に入るお金が増えるという式である。LTVを最大化す

5）アップセル：購入商品もしくは購入検討商品と同種でより上位のモデルを提案する、もしくは購入してもらうこと
6）クロスセル：購入商品もしくは購入検討商品と別商品のセット販売や組み合わせを提案する、もしくは購入してもらうこと
7）LTV：Life Time Value　8）CRM：Customer Relationship Management　9）ARPU：Average Revenue Per User

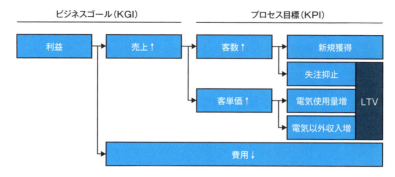

図2-2 電力会社の代表的なKPIツリーとLTV

るには顧客単価を上げること、失注率を下げることが具体的な施策になる。LTVを先ほどのKPIツリーの中で表現したものが**図2-2**だ。

　LTVに関係する3項目（失注抑止、電気使用量増、電気以外収入増）を3軸の立体（キューブ）で表し、優良顧客育成プログラム等のCRMに活用することも可能だ**(図2-3)**。

　また、LTVを特定のカテゴリーごとに算出して利益率を乗じれば、そのカテゴリーの顧客を新たに獲得するためにかけられる費用が算出できる。

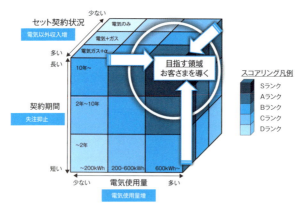

図2-3 LTVキューブ（CRM活用例）

> CAC[10] = LTV × 利益率
> CAC：顧客獲得コスト

　さらに、既存顧客の維持コストも算出可能だ。例えば、特定カテゴリーの既存顧客に失注抑止策を講じて失注率を改善する（＝平均契約期間を延長させる）計画を立てたとする。その場合に使用可能な費用は次のように見積もることができる。

> 既存顧客失注抑止コスト ＝ 施策実施後のCAC － 現状のCAC

　こうした重要顧客の見える化や獲得コストの定量化は、プロモーションや販売営業活動だけでなく、電話対応（インバウンド）やオペレーションコストの顧客維持に向けたリソースの適正配分にも役立つ。

2-3　CRM＋感情データ＝CXM

　CRMは、顧客を個で捉えたうえで属性情報（性年代・家族構成・建物形態など）や契約情報（契約内容・使用量・支払状況など）をデータベース化する技術が実現する2000年頃に発達した。顧客セグメントごとに失注抑止やアップセル・クロスセル施策の効果を定量的・確率論的に明らかにしたうえで、最適なアプローチを選択して効果を最大化することを目的としている。

　近年の顧客関係管理の分野においては、CRMの次の段階としてCXM（顧客体験管理）[11]という考え方が出てきている。CRMでは失注率や顧客単価などの企業目線でのファクトデータを中心に顧客を捉えていたが、CXMでは顧客の生の声や感情といった情緒的なデータも加える。これにより感情を持つ一人の人間として顧客をより包括的に捉えて体験の質を向上させることで、

10）CAC：Customer Acquisition Cost　　11）CXM：Customer Experience Management

	CS (顧客満足への取り組み)	CRM (顧客との関係構築)	CXM (顧客感情・体験重視)
時期	1980年代	2000年前後	2015年頃〜
背景	・日本企業が大事にしてきた顧客視点 ・バブル時代のカネ余り	・IT技術の進歩 ・グローバル化による競争激化	・デジタル化・モバイル化と顧客接点多様化・複雑化 ・顧客体験を包括的に捉える必要性
KPI	・顧客満足度（CS平均点）	・顧客あたりの生涯収益（LTV等）	・収益性と連動した顧客ロイヤリティスコア（NPS等）
視点	・心構え・モットーとしての「おもてなし」 ・収益性との関連性はあいまい	・属性情報や契約情報等のファクトデータ活用 ・確率論との組み合わせによる失注抑止、クロスセル・アップセル	・属性・契約情報や行動情報に加え、心理・感情データも活用 ・長期的な信頼関係を築き、企業収益と両立

出所：エモーションテック社の記事を参考に著者修正
https://emotion-tech.co.jp/column/2016/what_is_cxm/

図2-4 顧客関係性管理の変遷

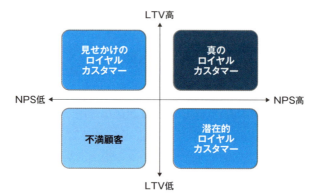

出所：セールスフォース社のホームページを参考に著者修正
https://www.salesforce.com/jp/hub/crm/nurturing-loyal-customer/

図2-5 LTV×NPSによるCXM

長期的に顧客ロイヤリティを高めようとする取り組みとなる(**図2-4**)。

　例えば、米国に本社を置く顧客管理ソフト大手のセールスフォース社が提案するCXMの捉え方を紹介する(**図2-5**)。この図は、縦軸にLTV指標を用

いたCRM、横軸に顧客の愛着度や信頼感などを示すNPS指標を置いている。

LTV指標だけでは認識できない「見せかけのロイヤルカスタマー」（左上）と「潜在的ロイヤルカスタマー」（右下）が浮き彫りになる点が特徴だ。

見せかけのロイヤルカスタマーは、他に選択肢がない（あるいは、知らない、分からない）ため、仕方なく当該企業やブランドを使っている顧客と考えられ、競合他社からすれば狙い目となる。

また、潜在的ロイヤルカスタマーは、アップセルやクロスセルの有力な対象候補となる。今後、真のロイヤルカスタマーに昇格する可能性が高く、投資対効果の高い施策を展開できる。

用語解説

✓ NPS（Net Promoter Score＝ネットプロモータースコア）

顧客のロイヤリティを数値化し計測する指標。顧客の企業やブランドに対する愛着や信頼などを数値化することで、顧客体験の評価・改善などに用いられる。

「あなたがこの企業（あるいは、製品、サービス、ブランド）を友人や知人に、どの程度すすめたいと思いますか？」という問いに、0～10の11段階で評価してもらう。10～9を「推奨者」、8～7を「中立者」、6以下を「批判者」に分類し、推奨者の割合から批判者の割合を引き算した数値がNPS指標となる。2003年にベイン・アンド・カンパニーのフレッド・ライクヘルドを中心とするチームよって開発された。NPSは、これまで広く用いられてきた顧客満足度（CS）よりも、企業の成長率・収益性に強い相関を持つ指標とされている。

なお、CX（カスタマー・エクスペリエンス：顧客体験価値）については学術的な領域では1980年代から考え方としてはあったようだが、昨今はマーケティングやDXを語るうえで重要なテーマとなっているため**第5章**で詳しく取り上げる。

また、これまでの解説とは逆に需要抑制を働きかける省エネやDR（デマンドレスポンス）が企業利益やマーケティング目標の中でどのように位置づけられるのかについては、**巻末資料4**を参照してほしい。

第2章のポイント

- マーケティングは利益を目的としないが、成果として利益を出すことにこだわらなければならない。
- LTVなどを指標としたCRMに顧客の感情データを加味したCXMが今後重要となる。

歴史コラム②

マーケティングの発展と変容のステップ

　マーケティングの発展と変容をフィリップ・コトラーの主張をもとに振り返る。

●マーケティング1.0（1900～1960年代）
製品中心のマーケティング。企業が製品を生活者にいかに売るかということに注力していた大量生産・大量消費の時代。製品を作り、知ってもらって、売り、届けるという企業視点での手法論として4Pモデル（プロダクト、プライス、プレイス、プロモーション）が誕生。

●マーケティング2.0（1970～1980年代）
顧客中心のマーケティング。市場に製品が行き届いた結果、作れば売れる時代は終わり、標的とする市場への適合が必要となった。マーケティングの中心が企業から顧客にシフト。4Pの前工程としてSTP（セグメンテーション・ターゲティング・ポジショニング）のコンセプトが誕生。

●マーケティング3.0（1990～2000年代）
人間中心のマーケティング。SNS時代、顧客は商品だけでなく企業活動全般も含めた精神的充足も期待し、競争の激化も相まってモノからコトに関心がシフト。企業はソーシャル・インパクト（環境や社会への影響）も考慮し、顧客とともにより良い社会をつくる共創の概念が発達。

●マーケティング4.0（2010年代）
個人でスマホを持つ時代、マーケティングはデジタルに方向転換。購入

前だけでなく購入後も含めたカスタマージャーニーの全工程でオンラインとオフラインを一連のものとして統合し、エンゲージメントを強化するマーケティングへと発展。

● **マーケティング5.0**（2020年代）
コロナ禍により急加速された社会のデジタル化と技術の進歩がマーケティングをブラッシュアップ。3.0の人間中心の原則を、4.0からさらに進化したテクノロジーの力で実現させる。

とくに近年、デジタルの波はマーケティング分野や電力事業の至るところに大きなインパクトを与えており、発電・送電・小売の各事業や各市場・取引で急速な大変革を起こしつつある。DXを推進する組織に属する身としても、デジタルの重要性は大いに強調しておきたいところだ。

一方、人間の本質はそう変わらない。10年以上前、社会学・家族学の先生にインタビューしたときの話だ。私がビジネスに関する何かの方針を語る際「直近2、3年ではなく10年単位で振り返らないと物事の本質が見えてこない」と鼻息荒く説明したところ、その先生から「家族の本質を知りたいのなら、類人猿の時代にまで遡らないといかんよ」と言われ絶句したのを覚えている。

社会環境や国際情勢、テクノロジーや競争環境など目まぐるしく変化していくビジネス環境への対応と同時に、時代の空気や各世代の価値観の違いなども踏まえつつも、数百年あるいは数千年単位で変わることのない人間の本質を捉えること。マーケティングにはそれが求められているのかもしれない。

第3章
ターゲティング(WHO)

第3章 ターゲティング(WHO)

　いよいよ本書のコアな部分に入っていく。マーケティング・プロセスの中核的要素であるWHO-WHAT-HOWを順番に解説するが、最初がターゲティング(WHO)だ。電気という商材の特徴を踏まえたターゲティングのあり方について考えてみよう。

　唐突だが、マーケティングは恋愛と似ているところがある。
　仮に、あなたが女性で、男性から次の通り告げられたとする。心に響くのはどちらだろうか？
　「私は世の中の女性全員を愛している。私と付き合ってほしい」
　「私はあなただけを愛している。私と付き合ってほしい」

　経営資源が無限であれば話は別だが、対象をフォーカスすることはとても大事である。対象が多ければ多いほど、ひとりに配分されるリソースや熱量が薄まり、ゼロに近づく。よって「全員を愛している」は「全員を愛していない」と同じ意味になってしまう。

　電気事業は公益性が強く、最近まで地域独占でエリア内のすべての生活者に電力供給していたこともあり、押しなべてこのターゲティングの概念が希薄だ。平等意識が過剰に強いのだと思われる。
　間違ってはいけない。我々は多くのライバル企業の中から顧客に選んでいただく立場である。こちらからの熱烈なラブコール無くして相手が応えてくれるはずがないのだ。ターゲティングは「誰に価値を届け、幸せにしたいのか」という問いと同義となる。適切にターゲティングを行い、顧客理解を深める努力が必要となる。

3-1 電気のターゲットはコミュニティ

　結論から言うと、電力マーケティングはコミュニティに対するマーケティングに他ならない。電気という商材を通じて価値を提供する相手は、個人というよりは、法人であれば企業、家庭用であれば家族などのコミュニティとなる場合が多いからだ。

　なぜなら、電気はそのままの状態では効果・効能を発揮せず、照明や家電、住設機器などを稼働させ、光・熱・動力などに変換されてコミュニティ全体（会社や家族）に作用する。電力会社と直接コミュニケーションを取るのは、企業にしろ家庭にしろ窓口となる意思決定者個人（キーパーソン）かもしれないが、その人物は自身が属するコミュニティにとって良いか悪いかを考慮して新規契約や継続を判断する。

　個人を対象とした一般的な消費財と違い、電気は自分自身だけでなく家族や仲間のために良いものを選択するという特性を商材そのものが内包している。なんとやさしい特性を持った商材だろう。

　重要なのは、同一人物であっても属するコミュニティによって価値基準が変化するという点だ。例えば、ある社長が会社では冷酷なコストカッターでも、家に帰れば娘や孫に甘く何でも買い与えるということはよくある話だ。であれば、同一人物であったとしても、どのようなコミュニティに属しているかによって企業が提案あるいは提供する価値は変える必要がでてくる。例えば、子どもが生まれる、子どもが結婚して家を出る、リモートワークが増えるなど、家族構成や仕事・趣味・健康状態・収入などコミュニティの状況に変化があれば提案する電気メニューやサービスも変化する。

3-2 コミュニティを考察する

　ここでは主に広井良典氏の著書『コミュニティを問いなおす―つながり・都市・日本社会の未来』を参考にコミュニティについて深堀りする。

　コミュニティとは複数の個体が何らかの帰属意識により集まった集団で、互いに支え合うなどの社会的相互作用や連携の意識が働いていることが多い。人はコミュニティに属することで、自らの役割や存在意義、依存関係などを確認するとともに、精神的な安定や実利的な利得を得る。個体にとってのコミュニティの価値は、当該コミュニティの中にいるだけでは認識しづらく、外に出ることでその価値に気づき、あるいは認識を強め、帰属意識やアイデンティティをより強固にすることが多い。例えば、日本人が外国に長期間滞在すると、それまでに興味がなかった能や歌舞伎といった日本の伝統文化について勉強し始めるということはよくあることだ。

　コミュニティには常にその外側に、より大きなコミュニティや別のコミュニティが存在し、コミュニティを構成する個が、外側（あるいは別）のコミュニティを構成する個とつながり、新たなコミュニティが生まれるなど重層的な構造を持っている。

　その性質上、「内部」の関係性を重視する働きと、「外部」との関係性を重視する働きの両方をバランスさせており、どちらが強い傾向を持つかはそれぞれのコミュニティ、あるいは地理的な条件や時代背景によって異なってくる（**図3-1**）。

　例えば、戦後の高度経済成長期における日本の家庭では、内部関係を強める役割を母親が、外部関係を強める役割を父親が担うことが多かった。

　母親は家事や育児のほとんどを行い、家にいる時間が長いこともあって情緒的な柱として家族構成員の同質的な結びつきを深めた。父親は会社勤めで外にいることが多く、価値観の異なる人が集まる組織で規範やルールを守って働き、自身や家族の生活費という実利を得た。

コミュニティ形成原理2つのキーワード

✓ 内部関係
- 集団内部の同質的な結びつき
- 同心円を広げるようにつながっていく
- 情緒的な共同体としての一体的意識
- 暗黙的なしきたり
- 情緒的な絆をもたらす
- 深化・安定を求める

✓ 外部関係
- 異なる集団間での異質な人の結びつき
- 独立した個人としてつながっていく
- 規範的な個人ベースでの公共的意識
- 形式的なマニュアル
- 合理的な便利をもたらす
- 成長・拡張を求める

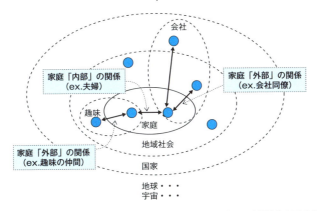

出所：広井良典著『コミュニティを問いなおす — つながり・都市・日本社会の未来』（筑摩書房）を基に著者作成

図3-1 コミュニティの基本的構造

　こうした戦後の高度経済成長を支えた会社員は当時"モーレツ社員""企業戦士"などと呼ばれ、私生活を犠牲にして（現代風に言えば"社畜"となり）会社に尽くしたのである。夫が労働者として過酷に働き、休息と消費の場として妻が専業主婦の家庭をつくることは、企業だけでなく、国家としても都合がよかった。人口が増え、市場や経済規模をより大きくすることに貢献し、技術の発達や生産力の向上につながり、世の中に便利をもたらすからだ（外部関係強化）。よって地方から出てきた核家族を住まわせるために、団地やニュータウンを整備するなど、国はこれらを加速させる政策や事業を行った。こうして日本における高度経済成長期は、一貫して外部関係の

力が強まっていった時代であった。

しかし、経済成長も横ばいとなり、現代は成熟化した定常化社会ともいうべき時代となった。これまでの揺り戻しもあり、社会全体として内部関係の力が強まってきている状況にある。

内部関係が強い「家族」「地元」と外部関係が強い「職場」「職域」を帰属意識という観点で比較してみると、子供時代や高齢となった時期は「家族」「地元」に、現役世代は「職場」「職域」への帰属意識が高まる傾向になることは理解できるだろう。

そのうえで、**図3-2**の人口構成推移のグラフを見て欲しい。

現役世代(生産年齢)の人口はバブル経済が終焉を迎えた1990年代あたりをピークに一貫して減少傾向にあり、子供(年少)＋高齢者(老年)人口は、2050年あたりまで増え続ける。人口構成を見ても「職場」「職域」よりも「家族」「地元」への帰属意識が高まり、内部関係の力が強まっていくことが予想される。

加えて、コロナ禍による巣ごもり傾向やリモートワークの普及による在宅勤務の増加が、この傾向を加速させた。

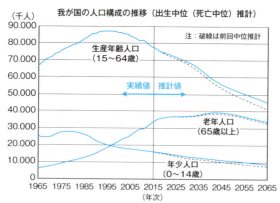

図3-2 日本の人口構成の推移

一方、第3のコミュニティの存在も忘れてはならない。趣味やスポーツ、学びなどのコミュニティだ。子供が通う学校も、以前はほとんどが地元地域にあったが、現代ではそうとも限らない。これらのコミュニティは現代では非常に多く存在する。

　さらには、インターネットやSNSが発達し小中学生もスマホを持つ現代においては、LINE、X（旧Twitter）、Facebook（フェイスブック）、Instagram（インスタグラム）、各種ゲームや仮想空間等々、様々なデジタル上でのコミュニティが発生している。

これまでのコミュニティに関する考察を整理する。

- ✓ 電気の価値はコミュニティ全体に作用するため、電力マーケティングの対象（ターゲット）はコミュニティとなる。
- ✓ 同一人物であっても、属するコミュニティが変われば価値基準も異なり、属するコミュニティにとって良いと考える商品・サービスを選択する。
- ✓ コミュニティには内部関係を重視する働きと外部関係を重視する働きがあり、日本の高度経済成長期は外部関係の力が強まった。
- ✓ 現代は、時代背景的にも人口構成上でも、コミュニティの内的な関係性が強化される傾向。コロナ禍がそれを加速させ、家族や家族が属する地域社会の重要性が高まった。
- ✓ 家族や会社以外の第3のコミュニティ（例えば趣味やSNS上でのコミュニティ）に対する価値提供にも可能性がある。

　家族（家）だけではなく企業や公的機関も内在する「地域社会」という大きなコミュニティに対し、電力会社（旧一電）はその全体に価値提供するポテンシャルを有する数少ない企業の一つであるが、これらの整理に基づいて作成した概念図を**図3-3**に示す。

　価値Aがコーポレートブランド、価値B〜Dがその下に位置付けられるサブカテゴリーブランドだ。価値の総体として存在するブランドをコミュ

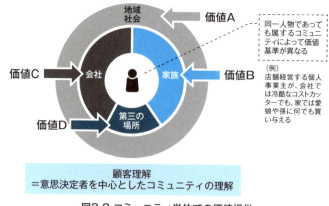

図3-3 コミュニティ単位での価値提供

ニティ単位で整理し、ブランド資産を蓄積・管理するイメージとなる。

　繰り返しになるが、電力マーケティングとはコミュニティに対するマーケティングであり、価値提供はコミュニティ単位で行っていく。そのコミュニティにとって何が価値となり、どのような価値が刺さるのかを知るためには、当該コミュニティに関する理解を深めなければならない。家庭用分野における顧客理解は、意思決定者を中心とした家族を理解する必要がある。
　これらは法人分野においては当たり前に行っていることである。ターゲットとなる企業がどのような企業か、組織構成・保有設備・業績等々を確認し、意思決定に影響を与えるキーパーソンたちは誰でどのような考え方なのかを把握する。家庭用分野においても同じように家族構成・保有設備・年収等々を確認し、どんなコミュニティなのかを確認する必要があるのだ。
　こうした取り組みの必要性はこれまでも認識されていたが、家庭用分野においてはリソースや効率性の観点で課題があり、ここまで詳細な情報を入手することは実務上では現実的でなかった。訪問営業などの人的リソースを主軸とした営業活動において、法人と比べて1契約当たりの金額が小さい家庭用では採算が合わなくなる。

しかし、デジタルの力がこれを可能にする。よくあるパターンが、会員登録時のWEB上におけるプロフィール入力などだ。工夫次第で様々な情報入手が可能だ。顧客とのコミュニケーションもダイレクトメールと電話によるフォローコールの組み合わせ、メール、リモートセミナーなどを駆使することで効率化され、家庭用分野においても顧客が所属するコミュニティの把握が可能となる。

顧客理解はあらゆるマーケティング・プロセスの核(コア)となる。コミュニティやキーパーソンを深く理解し、寄り添い、どうすれば価値を提供できるか、幸せになってもらえるのかを考え抜かねばならない。ここにどれだけ情熱を注げるか、こだわり抜けるかが、電力マーケティングの成否を分ける。

3-3 顧客理解に必要な情報

顧客を理解するにはデータや情報が必要だ。ここでは、様々な分類方法の中から実務上よく使われるデータの4分類を紹介したうえで、顧客理解のために必要な代表的なデータを例示しつつ解説していく(**図3-4**)。

契約データ	契約内容・住所・電話番号・使用量・金額などの電気供給や支払い関係の情報。	顧客との契約情報
属性データ	建物形態・保有設備・家族構成・年齢・性別などの顧客の属性情報。	顧客所有のモノ情報
行動データ	WEBや店舗などへの訪問回数・滞在時間・導線経路などの行動に関する情報。	顧客のヒトとしての情報
心理データ	好き・嫌い・不満などの感情、行動や判断の理由など、心理や価値観の情報。	

図3-4 顧客理解に必要なデータの種類

1 顧客のモノとヒトの情報

　契約データは、自社顧客に対する電気の供給や料金支払いに関するデータだ。電力会社が電気の供給のみを考えるのであれば、この契約データがあれば事足りる。

　しかし、価値提供という観点に立つとどうだろうか。まずは**図3-5**の図を確認いただきたい。

　電力会社が行う顧客へのアプローチは2つの方法に大別できる。それは、電気(ガスも含む)の供給に代表される顧客の建物や設備への"対物アプローチ"と、主に顧客本人に対する"対人アプローチ"だ。

　電気の供給だけを考えると図3-5のaの接点に関する情報があれば事足りる。これは、電力メーターが付いている場所と契約に関する情報だ(住所、氏名、連絡先、電気の使用量や料金など)。

　しかし、価値を提供するという観点で言えば、bの接点が重要となる。なぜなら、便益や効用などの顧客が感じるメリットはここで発生するからだ。

　電気は機器設備に供給されてはじめて便益や効用が発生する。例えば、電球で明くする、冷暖房設備で室内を快適な温度に保つなど、価値提供の場

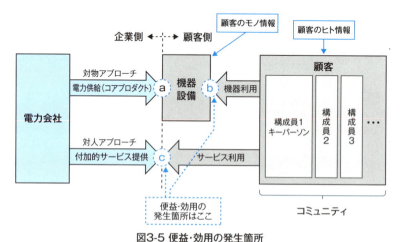

図3-5 便益・効用の発生箇所

という観点で重要なのはaではなくbとなる。したがって、aの電力メーターまでではなく、建物形態や使用機器まで踏み込んだ情報（属性データ）が必要になってくる。

　対人アプローチによるcの接点でも便益や効用が発生する。テレビコマーシャルやWEBなどの広告、ダイレクトメールやチラシなどの郵送、電話オペレーターとの会話、停電時の訪問対応など、メディアやツールあるいは電力会社の従業員が顧客と接することで価値を生成することが可能である（⇒詳細は 4-3 「価値の分類」、 4-4 「価値向上策と商品概念の拡張」で解説）。

　このbやcの接点で価値を感じるのは顧客自身だ。よって、必然的に人に関する情報が必要となる。電力会社と契約を結ぶキーパーソンがどのような人なのかを知らなければ価値提供は難しい。加えて、電力マーケティングの場合は家族構成などコミュニティの構成要員の情報も必要だ。

　どんな人が（属性データ）、どのような行動をし（行動データ）、どのような気持ちや感情を持ったか（心理データ）、これらを把握することが大事である。電力会社は、この人に関する情報が圧倒的に足りていないことが多い。例えるなら、好きな相手がどんな人なのかがよくわからないまま、相手が喜ぶことをしようとしている状態である。それは相手のためというよりは、自己満足のための行為に近い。

　4分類そのものは特段目新しいものではなく、他の業界含めて様々なところでよく使われる分類方法であるが、顧客をコミュニティとして捉えたうえで、"ヒト"と"モノ"の観点から把握・理解しようとするところが電力マーケティングとして特徴的な点となる。

2 ヒトの行動データがDXにもたらすインパクト

　昨今のネット社会の進展・デジタル技術の高度化により、捕捉できるデータ量がとくに飛躍的に増えたのが行動データである。顧客一人一人にユニーク（一意）に発番されるユーザーIDにより、この行動データと他の契約・属性・

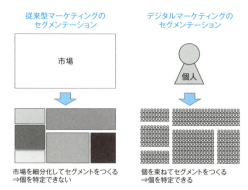

出所:牧田幸裕著『デジタルマーケティングの教科書 5つの進化とフレームワーク』
（東洋経済新報社）を基に筆者作成

図3-6 DXによるセグメンテーションの変化

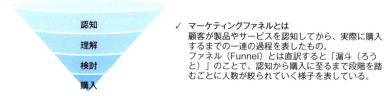

図3-7 マーケティングファネル

　心理データを紐づけし、シングルソースデータ（同一対象の多面的情報を捉えたデータ）として活用することが重要だ。こうすることで、ターゲティングの前工程であるセグメンテーションの考え方を根底から変化させ、個を特定した状態でのセグメント作成が可能となるのだ(**図3-6**)。これはその後のマーケティング・プロセス全てに影響することになり、マーケティングDX推進の要となる。

　シングルソースデータ化により、どんな属性の人が、どのようなページを見た後で、どんな理由により、いつ何をいくらで買い、購入後の行動がどうなっているかを確認することが可能となる。他にも、マーケティングファネル(**図3-7**)や購入導線のどこで離脱し何が問題だったのか、失注率が高い属性や失注に至るルート、アップセル・クロスセルの確率が高まるタイミングやルートなどの把握も可能だ。

それぞれのタイミングで、その顧客にあったメッセージやデザインを、適切なチャネルで届けることで、購入確率を上げ、失注を抑止することができる。

もちろん、単にデータを紐づけするだけでなく、他にも様々な条件をクリアしたり、準備したりする必要があり、そう簡単にできることではない。ただし、これができれば、家庭用のマーケティングを劇的に変えることになる。

3 ヒトの情報を把握する調査手法

4つに分類されたデータ(契約・属性・行動・心理)のうち、契約と行動のデータは比較的集まりやすく、まさにビッグデータとして活用できる。とくに契約数の多い旧一電はこのデータ量の多さが大きな強みになる。

逆に不足しがちなのが、属性データと心理データだ。属性データは顧客理解に向けた基本ともいえるデータであるし、心理データはCXマネジメントを行う上で必要となる(⇒ 2-3「CRM＋感情データ＝CXM」を参照)。また、行動データもビッグデータとして大量に集まるのはデジタル接点が中心でリアル接点の情報はやはり不足する場合が多い。

そもそも一足飛びにシングルソースデータを活用できる環境を整えることは難しい。環境が整うまでの間、あるいは整った後も不足するデータを集めて補完するために、従来からあるマーケティング調査はやはり必要となる。

調査にも様々な手法があるが、その種類と概要を簡潔に整理する。

調査の種類

● **定量調査**(数字・データを用いた調査)
  ◇ アンケート調査
  ・ネット調査
    インターネット上で回答してもらうアンケート調査。オフラインの郵送調査に比べてコストが安く、短納期が特徴。

- 郵送調査

    紙の調査票を調査対象者に郵送し、回答後に返信郵送等してもらう調査。ネットリテラシーの低い高齢者などへの調査に有効。

◇CLT（セントラルロケーションテスト：会場テスト）

会場や会議室に調査対象者を集めてアンケートなどの調査を行う。新商品や試作品、試食・試飲、デザインや広告クリエイティブなどの評価に利用。

◇HUT（ホームユーステスト）

商品や試作品などを調査対象者に送付し、一定期間実際に使用・体験してもらった後に回答してもらう調査。日用品などについて普段の生活の中で使用したうえでの評価が可能。

● **定性調査**（言葉・表情・態度・心理など数値化できない情報を用いた調査）

◇デプスインタビュー

インタビュアーが調査対象者に1対1でインタビューを行う調査。1人を徹底的に深掘りし、心の内の奥深くを聞き込む調査。

◇グループインタビュー

4～6人程度の調査対象者を集め、座談会形式でインタビューを行う調査。参加者同士の会話により議論を深めたり発想を広げたりすることも可能。

◇エスノグラフィ（行動観察調査）

調査対象者も認識していない深層心理や価値観を探るため、対話ではなく観察をメインとした調査。言葉の通じない民族の研究などで発達した調査手法。

● **2次データ調査**

他者が調査したデータを使った調査。ネットなどで公開されていたり、購入できたりするデータを活用する。なお、自ら調査して得たデータを1次データと言う。

● **覆面調査**（ミステリーショッパー）

一般客を装って専門の調査員が店舗などに訪れ、接遇態度やサービス品質などを確認する調査。「ミシュランガイド」が行っている調査手法。

● **生体反応調査**

言語化できない無意識な情動や潜在意識を把握するための生体反応計測による調査。アイトラッキング（視線行動検知）、表情解析、脳波計測、発汗活動計測など。

どの調査方法が良いかは目的に応じて変わるため一概には言えないが、2つの事例を紹介しておく。

ターゲット顧客の仮説構築から行う初期段階であれば、直接対象顧客の話を聞いたり、社内データおよびネットなどで公開されている2次データを活用したりして仮説構築を行った後に、調査会社への委託により検証する仮説検証型をお勧めする。この仮説検証型の調査はコスト面とスピード面に優れ、ビジネスにおける調査の基本である。自ら仮説構築することで調査会社に委託するマーケターが自身の知見と感度を上げ、調査をしっかりコントロールし、調査アウトプットの質を上げることにつながる。

この2次データを活用した仮説構築の事例は**巻末資料5**を参照されたい。筆者自身が行ったターゲット顧客（家族ペルソナ）の仮説構築プロセスの概要を紹介している。

また、サービス設計やWEBデザインなどを行う場合は、調査対象者が実際に触れたり体験できたりするプロトタイプを作成のうえ、デプスインタビューなどの定性調査によりインサイトを深く聞き込む、あるいは共感する調査手法をお勧めする。企業の思い込みやプロダクト発想を排除し、顧客体験価値（CX）の高いプロセスデザインを行うためだ。その際、委託調査の報告書を見るだけでは意味がない。デプスインタビューであればインタビュールームに赴きマジックミラー越しで調査対象者の表情やしぐさ、言葉づかいや間（ま）など、心のうちを映し出す微妙なニュアンスを含めた反応を感じ取る必要がある。報告書では形式知化してわかりやすく言葉・表・グラフなどで説明するため、インタビュー対象者が発するこうした暗黙的な反応をカットしてしまうことが多い。形式知よりも暗黙知の方が情報量は圧倒的に多い。暗黙知を暗黙知のまま感じ取ることが大事だ。

ただし、調査モデレータ（司会者、インタビュアー）は、インサイトを引き出すための技術を要するため訓練を受けた人でないと難しい。安易に委託元企業の社員が行うのはお勧めできない。

3-4 ターゲティングの分類

一口に"ターゲット"と言ってもいくつかの分類があり、前後の文脈により異なる意味合いで使われる(**図3-8**)。

用語解説

✓ブランド・ターゲット

当該ブランドの象徴的・理想的な対象として想起される顧客。商品やサービスの新規開発や改良を行う際、あるいは、デザインやメッセージなどの広告クリエイティブ作成時などのターゲット像として用いる。対象者の心に刺さるサービス設計やクリエイティブ作成のため、セールス・ターゲットよりもさらに絞り込む必要がある。一般的には、デモグラフィック(人口統計学的データ)に加え、価値観・ライフスタイルなどでも絞り込みを行い、ペルソナ(典型的ユーザー像)化する。

✓セールス・ターゲット

売上規模算定や販売対象選定などに用いられる顧客層。例えば、訪問営業・アウトバウンドコール・DMでのアプローチ先(リスト化)などで用いられる。社内データを用いれば「関東内の600kWh/月超で一戸建居住者」など、一般的には「20代・女性・既婚子供有・世帯年収700万円以上」などのデモグラフィックでの絞り込みができる。これらのターゲットにアプローチし販売活動を行うことをエンドユーザー営業という。

✓サブユーザー・ターゲット

セールス・ターゲットを顧客もしくは見込み客とし、自社商品やサービスの採用を促してくれる法人。電気・ガス会社から見たサブユーザーとは、設計事務所、建設会社、ハウスメーカー、設備会社、デベロッパー、リフォーム会社などのこと。これらの会社にアプローチし、自社商材の採用を促すBtoBtoC活動をサブユーザー営業という。

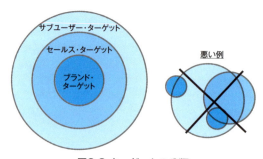

図3-8 ターゲットの分類

本章の冒頭でも述べたが電気事業は押しなべてこのターゲティングの概念が希薄であり、苦手である。ターゲットを絞るということは切り捨てるところが出てくるが、公共や公益のDNAがこれに拒否反応を示すのかもしれない。

特に、ブランド・ターゲットとセールス・ターゲットは混同して議論されがちなので、きちんと区別して設定してほしい。目標値やリソース規模算定の必要性からセールス・ターゲットの設定は比較的行われることが多いが、ブランド・ターゲットの設定も重要だ。多くのライバル企業がひしめく中で、心に響くサービスやコミュニケーションを設計・製作するには必須のこととなる。

また、ターゲティングの重要性を理解しても、電力会社の縦割り組織が弊害となる場合がある。以下によくありがちな悪い例を紹介しておく。

- ✓ 商品・サービス開発時にブランド・ターゲットAを設定したにもかかわらず、広告プロモーション組織に伝わっておらず、費用と時間をかけて新しいブランド・ターゲットBを作ってしまう。
- ✓ 本社ではStep1は新築狙い、Step2で既設リフォーム狙いの全体戦略があり、まずは新築時の採用を狙ってハウスメーカーへのサブユーザー営業を強化しているのに、現場店舗ではリフォーム需要を狙ったチラシを作成しエンドユーザー営業をしていた。
- ✓ ブランド・ターゲット、セールス・ターゲット、サブユーザー・ターゲットが、ベン図にした際にきれいに重なっておらず、プロモーションや営業の効率が悪くなる。

第3章のポイント

- ●電力マーケティングはコミュニティに対するマーケティングであり、顧客理解への熱量がその成否を分ける。
- ●顧客理解には契約・属性・行動・心理の情報が必要であり、調査手法を適切に活用することが重要である。
- ●顧客ID統合によるシングルソースデータ化(同一顧客の多面的情報を捉えたデータ)がマーケティングDXの要。
- ●電力会社はターゲティングの重要性を理解し、組織の縦割りを乗り越えて一貫した戦略を実行する必要がある。

歴史コラム③

1900年代初頭における日本のマーケティング的な行為

　アメリカにおいては以下のステップでマーケティング行為が生まれてきている。各年代は各産業における実業としてそうした動きが出始めたタイミングとなる(体系化されて論文などが発表された時期ではない)。

① アメリカにおける産業革命と製造業の発達(1830年～)
② 革新的小売業態の出現、流通・卸売商の機能低下、
　巨大製造業の流通進出と支配(1870年～)
③ 製造業が自社製品を売りさばくための統一的な管理も含めたマーケティング行為の発生(1910年～)

　良いものを大量に作り、それを売ろうとする行為を経て、製造と販売が直結したその先にマーケティングが発生した[1]。良いものを作り・売り・届ける、この熱が高まった先にマーケティングがある。こうした熱が高まる前提として、健全な競争環境下にあることが重要だ。
　しかしながら日本では②の卸売商の機能低下が起こらなかった。なぜならば、日本の流通システムは零細・過剰・多段階を特徴とした非常に複雑なものであったことと、小売業の革新としてはアメリカのようなチェーンストアや通信販売は発達せず、百貨店が現れた程度であったことが主な要因で、結果して卸売業の機能を低下させるには至らなかったためだ[2]。
　そのような中、明治以降の洋風化の流れの中で出現する洋風消費財を製造する新興企業の中に、流通や市場に介入するケースが出てくる。こうした企業は日本独自の零細・過剰・多段階な流通システムに入り

込むのが困難だったため、積極的な広告展開による消費者への直接的な働きかけや、卸や小売の系列化という形で市場や流通に介入していく。1920年代以降の本格的洋風化とともに、これらの企業は発展し巨大企業へと成長していくこととなる。洋酒のサントリー、洋菓子の森永、石鹸の花王、歯磨きのライオンなどだ。

こうした当時の日本の独特な流通構造により、1910〜1930年代の製造企業によるマーケティング行為は、流通や小売まで含めた統一的管理（＝マーケティングの4P）という観点が抜けており、マーケティング関連コストもアメリカと比べて低く、産業全体としてマーケティング行為がいきわたっているとは言い難い状況であった[3]。

そのような中、この同じ年代において電気の製造・流通・小売まで含めて統一的に管理しつつ、顧客接点においてサービス・マーケティングの考え方を取り入れた価値向上策を実行していた人物が電力会社の中にいた。次章の歴史コラムでこの人物を紹介する。

1）:1800年代の終わり頃、アメリカでは製造企業が流通に進出し自社営業網を構築していったのだが、その要因としては製造業の生産能力の飛躍的向上により各産業で過剰生産傾向となったこと、同業種・関連企業間の合併などにより巨大企業が出現したことなどがあげられる。また、革新的な小売業態が出現したことも影響している。大都市に出現した百貨店、主に中規模都市に展開されたチェーンストア、農村部を中心とした通信販売など、それまでにない新しい小売業が1870年以降にそれぞれ創業され、小売業に革新を起こし、すでに巨大化していた製造業と肩を並べるほどの小売企業が育っていったのだ。製造分野と小売分野で巨大で革新的な企業が育ったために、この中間で製品と情報をやり取りする卸売商人の力が弱まり、結果して排除する傾向が強まっていくことになる。これが巨大製造業による流通介入の背景となっている。
2）:逆に、江戸時代末期に坂本龍馬が勝海舟とともに組織した海運会社「亀山社中」が起源と言われる商社機能が日本では力を持つ。主要産業における少数財閥の中で日本独自の卸売機能が形成され、その財力で中小卸を支配して存在感を高めていく。島国である日本では原材料を輸入して加工製品を輸出する必要があるため、貿易取引機能の重要性が他国に比べて高いことがその背景にある。その後発展をとげ、第2次世界大戦後の1950年代に日本独自の「総合商社」が生まれることになる。
3）:より洗練されたアメリカ型のマーケティング（製造・流通・小売の一体管理）が日本の消費財メーカーを中心に展開されていくのは、日本生産性本部によるアメリカ視察をきっかけに日本にマーケティングという言葉が初めて伝わる1955年以降となる。
なお、本コラムは全体として堀越比呂志著『アメリカ・マーケティング研究史15講 対象と方法の変遷』（慶應義塾大学出版会）を参考にした。

第4章
提供価値(WHAT-①)

第4章 提供価値（WHAT-①）

　電力会社は電気という商材を通じて顧客に価値を提供しているが、この価値は電気そのものの価値と、それ以外の価値の2つに分類できる。

　電気そのものの価値の中で最も重要な価値は「あかりを灯す」ことであろう。当たり前すぎてピンとこないかもしれないが、この価値は物理的にも心理的にも本当に素晴らしいことだとつくづく思う。電気が登場するまではロウソクやランプがこの役割を担っていたが、安全でクリーンな電気が取って代わった。これ以外にも電気は、家電や電気自動車などを「動かす」、電熱線などを通じて「熱する」などの効用があり、私たちの生活に欠かせない最も身近なエネルギーである。

　図4-1は、1965年度と2018年度の家庭におけるエネルギー源別消費の推移だが、この50年間で電気の占める割合は約2割から約5割に大きく伸びた。シンプルに言えば、価値の高いものは普及していく。電気が持つ価値の高

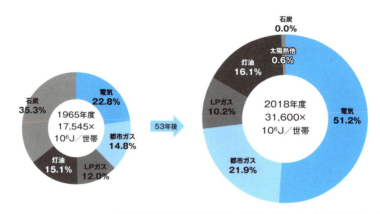

出所：経済産業省資源エネルギー庁「省エネポータルサイト」資料より作成

図4-1 家庭のエネルギー源別消費の推移

さが他エネルギーと比較することでよくわかるのではないだろうか。

　電気の品質は主に電圧と周波数で表され、この品質は主に送配電ネットワークで維持・担保されている。発送電分離以降も当該エリアの送配電ネットワークは旧一電の送配電部門が運営しており、顧客から見ればどの小売事業者から買おうと電気そのものに品質の差はない。

　ただ、小売事業者間での価値の差は確かにあり、顧客はその違いを認めてどの電力会社にするのかを決めているはずである。本章では、この小売事業者が生み出す価値と、その向上方法について考えていく。

4-1　ポジショニングとは何か

　本章のテーマである「提供価値（WHAT）」は、STPのP（ポジショニング）にあたる。ポジショニングは、他のS（セグメンテーション）やT（ターゲティング）、あるいは4P（プロダクト、プライス、プレイス、プロモーション）に比べ分かりにくい概念かもしれない。

　ポジショニングとは提供価値を決めることである（⇒ 1-2 ❶「STP＋4P」参照）。ライバルひしめく中で自社の価値をどのように位置付けるのか。ひと言で説明すると"キャラ設定"にあたる。

　前章の冒頭で「マーケティングは恋愛と似ているところがある」と紹介したが、その文脈で説明すると、ポジショニングは、ターゲティングで絞り込んだ対象からどのような人に見られたいかを決めることである。

　好きな人と良い関係をつくり上げるためには、コミュニケーションの機会を増やして、自身のアピールポイントを強調し、悪い点も隠さずに、時にはプレゼントを贈るなどの方法がある。こうした関係性構築のための具体的な方法論（HOW）は、全て設定したキャラ（自分らしさ）に沿って設計されなければならない。キャラはあなたの長所を伸ばす方向でセットされ、その後も長所を磨きながら、より目立たせていく必要がある。

　あなたが付き合ってほしい人は、友人、知人、ライバル、その他から日々

数多くのメッセージを受け取っている。相手の意に沿うアプローチや提案を行うことが前提ではあるが、ライバルとキャラが被っている場合はその中で1番にならないと、そもそも気づいてもらえない可能性が高い。キャラに被りがなければ（ライバルがいないブルーオーシャン）あなたの想いは届き、成就する可能性が高まるだろう。

このようにポジショニングは提供価値をどのように位置づけるかの戦略であり、4Pを規定する。この4Pを規定する意味合いから、文脈によってはターゲティングとポジショニングをセットにして「コンセプト」と呼ぶこともある。

4-2 ポジショニングの好事例「WORKMAN Plus」

ポジショニングの好事例として「WORKMAN Plus（ワークマンプラス）」があげられる。作業服のイメージが強いワークマンが、絶妙なポジショニングによりスポーツやアウトドアの市場に参入し、新市場を開拓した事例だ。

このワークマンプラスのポジショニングマップが図4-2となる。スポーツ＆アウトドアの市場規模は8,500億円超（2017年時点）で、そのうち「高機能×低価格」の領域（下図左下）は4,000億円市場とされている。この競合が

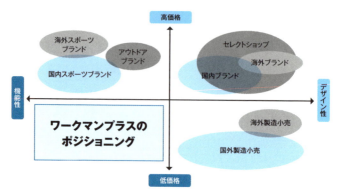

出所：ワークマンプラスWEBサイトより
図4-2 ワークマンプラスのポジショニングマップ

ほぼいないブルーオーシャンにワークマンが新業態で参入し、市場全体をけん引するほどの好業績を収めている。

　ワークマンプラスのコンセプトは「高機能×低価格のサプライズをすべての人へ」。公式WEBサイトには、「働くプロの過酷な使用環境に耐える品質と高機能をもつ製品を、値札を見ないでお買い上げいただける安心の低価格で届けたい」とある。

　注目すべきは、取り扱う製品そのものは従来店のワークマンと同じだという点だ。ただし、ターゲット顧客に対するポジショニングを再定義したうえで、主に出店・コミュニケーション戦略を変更した。具体的には、作業服を「機能性ウェア」と呼び、顧客体験を改めるため出店場所や店舗内設計などを変更(空間戦略)。結果、ワークマンプラスの集客力はワークマンの2倍以上となった。

WORKMAN Plusの空間戦略例

- ✓ ショッピングモールなどワークマンらしくない場所への出店(当初)
- ✓ 看板や外観デザインの変更
- ✓ 従来の無機質な蛍光灯から暖色の照明に変更
- ✓ 機能性ウェアをよりよく見せるスポットライトを導入
- ✓ 全身鏡を設置(作業服では機能面重視のため、コーディネートを見る必要がほぼない)
- ✓ マネキンを用いて上下セットアップで見せる

　ワークマンプラスの事例は、ポジショニングの好事例であると同時に、製品の品質だけでは生み出せない価値が、コミュニケーション領域で生成されていることを証明する好事例でもある。

4-3 価値の分類

　企業が顧客に提供する"価値"とはそもそも何か。

　コトラーの純顧客価値（Net Customer Value）によれば、顧客が得られる価値の総和「総顧客価値」から、価格・手間・時間なども含めたコストの総和「総顧客コスト」を引いたものとなる。これは売上から費用を引いて算出する利益の考え方に近い**(図4-3)**。

　この考えはコトラーが20年以上も前に提示したものだが、現代においては「従業員価値」は対面や電話での従業員の対応だけでなく、WEBサイトなどのネット上におけるデジタル接点での対応なども対象に入れるべきだ。そういう意味では「接点対応価値」といってよいだろう。いずれにせよ価値

総顧客価値とは	
製品価値	製品そのものの価値（信頼性、性能、デザイン、希少性など）
サービス価値	製品に付随したサービスの価値（保守、メンテナンス、問い合わせ対応など）
従業員価値	従業員の対応やパーソナリティなどによる価値
イメージ価値	企業イメージ、ブランド、ステータス性などによる価値

総顧客コストとは	
金銭的コスト	製品価格、維持費、配送費など
時間的コスト	購入・納品までに費やす時間、交渉時間、説明書を読む時間など
エネルギーコスト	商品検索の労力、店舗から持ち帰る労力、各種手続きなど
心理的コスト	初回購入時の不安、不具合への不安、大金を支払うストレスなど

図4-3 コトラーの純顧客価値の考え方

は製品価値だけではなく、コストも金銭的な費用だけではない点がポイントだ。

例を2つあげてみる。あなたならそれぞれどの商品を選ぶだろうか。

＜例1＞
スペックや性能、見た目がほぼ同じパソコン
- Aは有名メーカーで故障時の保証があり、明るく清潔な店舗で説明も親切で簡潔
- Bは無名のメーカーで保証なし、店舗は暗く汚く店員の説明は要領を得ない
- 価格はAの方が1,000円高い

＜例2＞
夏、外は蒸し暑く雨。あなたは会社の15階にいて喉が渇き水を飲みたい
- フロアの自動販売機で買うと120円
- 片道徒歩1分のコンビニで買うと100円
- 片道徒歩3分のドラッグストアで買うと80円

例1でAを、例2でフロアの自販機を選択した人は、製品以外の価値や価格以外のコストを重視して商品を選んだということになる。

4-4 価値向上策と商品概念の拡張

　価値の分類や構造を把握した後は、どのように価値を向上させていくかを考える。
　これからは「製品価値」と「金銭的コスト」を「基本的価値」、その他の「サービス価値」「接点対応価値」「イメージ価値」「時間的コスト」「エネルギーコスト」「心理的コスト」を「付加的価値」と呼ぶ。

1 基本的価値と付加的価値の向上

基本的価値の向上が可能なのであれば、最もわかりやすくパワフルな価値向上策である。しかしながら電気は製品価値での差別化は他の一般的な商材と比べて選択肢が少なく、電気そのものの品質も他社と同じなだけに価格競争が起きやすい性質を持っている。過剰な価格競争を引き起こす可能性のある金銭的コストの低減は、度々起きる仕入れ価格の急騰や激甚災害対応等を考えても、元々薄利多売である電力経営にとってリスクが大きい。

選択肢が少ないながらも、これまで電力会社が取り組んできた基本的価値向上策の王道を以下に紹介する。

＜製品価値の向上の例＞

✓他の商材とセット化
　（例）電気とガスのセット、電気と通信のセット

✓他のサービスを付加
　（例）生活トラブル時のかけつけサービスを無償で付帯

✓環境価値を付加
　（例）再生可能エネルギー100％の電気

＜金銭的コスト低減の例＞

✓値下げ
　（例）割安な新メニュー開発

✓キャンペーン値引き
　（例）新規加入で3カ月間基本料金無料

✓ポイント付与
　（例）電気の使用量に応じてポイント付与

しかしながら、こうした取り組みによる競合他社との差別化も難しくなってきている。それぞれの企業はセット販売や付加サービスの充実、各種キャンペーンなどで差別化しているつもりでも、顧客から見ると大差はない場合が多い。さらに言えば、内容や条件が複雑に絡み合うため正確な比較すら難しく、差が認識できずに「よくわからない」というのが実情ではないだろうか。

それでは、付加的価値向上に目を向け、これらの価値提供シーンやコスト低減シーンの具体例をイメージしてみる。

＜付加的価値向上の具体例＞

✓ **サービス価値**
電話やWEBで不明点などをすぐに問い合わせできる

✓ **接点対応価値**
従業員の接客品質向上、WEB上でのストレスないデジタル体験

✓ **イメージ価値**
心に刺さる広告活動、わかりやすいパンフレットの作成、企業イメージの向上

✓ **時間的コスト**
待たされない、スピーディーなレスポンス、説明が過不足なく簡潔

✓ **エネルギーコスト**
FAQが充実していてチャットでの確認も可能、自己完結できる

✓ **心理的コスト**
大手・老舗の安心感、何かあったときも誠実な対応が期待できる

これらの価値を提供する場は、マーケティング４Ｐの中で主にプレイスとプロモーションとなる。チャネルや媒体は様々であるが、これらは各顧客接点において良質なコミュニケーションやサービスを提供することによってもたらされる。

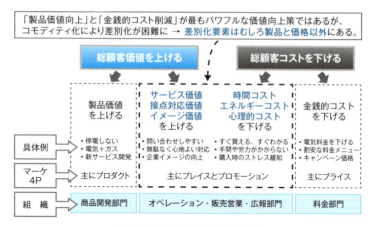

図4-4 顧客価値向上と担当組織

　電力会社には様々な顧客接点があるが、付加的価値向上の接点は主に広報広告部門・販売営業部門・オペレーション部門が担っている場合が多い。販売営業部門や広報広告部門が競争力の源泉となる価値提供をしていることはイメージしやすいかもしれないが、実はオペレーション部門もそうなのだ。それどころか、電力会社にもよるかもしれないが、旧一電の場合はオペレーション部門における電話やWEBでの顧客との接触数や問い合わせ件数は、販売営業部門や広報広告部門のそれを大きく上回る(**図4-4**)。

　これら付加的価値は相対的に模倣が困難という意味でも競争力がある。
　例えば、電気とのセットメニューや再生可能エネルギー100％の新メニュー、あるいはキャンペーン値引きなどの基本的価値の向上は、分かりやすく極論すると、優秀な人材が少人数いれば(本社の一部組織が頑張れば)作り出すことのできる価値だ。一方、付加的価値の中でもとくにオペレーション部門が絡む価値向上については様々な組織と多くの人が関係し、理念や方針に則ったマニュアル整備を前提に複雑なオペレーションフローを通じて価値形成され、日々のたゆまないPDCAやカイゼンによって磨き込まれていく。こうした価値の形成は簡単には模倣できない。

また、価格に代表される定量化可能な差別化要素は、競合も認識しやすく比較的模倣しやすいという側面もある。オペレーションが絡む付加的価値は定性的・暗黙知的な要素が含まれていることが多く、相対的には定量化しづらい。そういう意味でも競争力が高いといえる。

　コモディティ化が進み、基本的な価値向上による競争力確保が難しくなってきている中、こうした製品や価格以外での付加的な価値向上が競争力の源泉となりつつある。しかも、裏方と思われがちなオペレーション部門こそが、電力会社における競争力ある付加的な価値提供の本丸といえる。

2 商品概念の拡張

　基本的価値で差別化が難しい場合、製品を取り巻くサービスやコミュニケーションで価値を付加し、商品力を向上させる必要がある。

　これは、製品あるいは商品の概念や意味を拡張して捉えることに他ならない(**図4-5**)。工場(発電所)から出たばかりの"製品(製造した品)"に様々な価値を付加して"商品(商いの品)"にすると考えると、イメージしやすいかもしれない。製品にサービスやコミュニケーションで価値を付加してブランド化する、と捉えることもできる。

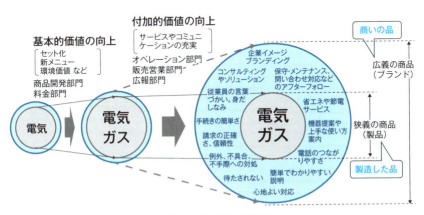

図4-5 商品概念の拡張

電力会社が顧客に提供する"商品"は、顧客接点を担う組織によるサービスやコミュニケーションの提供も含めたベネフィット（便益）の束と捉えることができる。これは、商品力は顧客接点を担う組織の努力により向上することができる、ということを意味する。

　ターゲットとなる家族および直接相対するキーパーソンへの顧客理解をベースに、自社らしさを追求（ポジショニングの概念）し、何にフォーカスするのかを決め、電気やガスをコア製品とした自社ならではの"商品"をつくり上げる必要がある。

　以後、工場から出たばかりの製品を「コアプロダクト」、コアプロダクトを取り巻く付加的なサービスを「付加的サービス」と呼ぶ。この2つがそろって商品となる。

> **用語解説**

> ✓ **コアプロダクト**
> 工場（発電所）から出たばかりの"製品（製造した品）"。顧客が対価を払う一義的な対象。

> ✓ **付加的サービス**
> コアプロダクトを取り巻く付加的なサービスのこと。

> ✓ **商品**
> コアプロダクトと付加的サービスを合わせた"商いの品"。

4-5　価値向上の3つの領域

　図4-6を見て欲しい。電力マーケティングの特徴を踏まえると、価値向上が可能な領域としてA〜Cの3つがある。

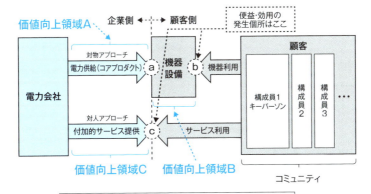

図4-6 電力マーケティング価値向上3領域

電力マーケティングの価値向上領域

✓ 領域A

製品価値の向上と金銭的コスト低減による基本的価値向上を目指す領域。具体的には、他商材とのセット化、環境価値の付与、値下げ、ポイント付与など。

✓ 領域B

機器設備の販売や関連するサービスの提供など、機器設備領域に踏み込んだ価値向上を目指す領域。新たなコアプロダクトの開発・販売の場合(B-1)と、コアプロダクトは電気のままサービスを付加する場合(B-2)がある。
・B-1 新たなコアプロダクト：住設機器販売、PPAモデル(エネカリプラス)開発など
・B-2 コアプロダクトは電気のまま：オール電化勧奨、無償のかけつけサービス付与など

✓ 領域C

コアプロダクトを取り巻くサービスやコミュニケーションなどの付加的サービスの価値向上を目指す領域。具体的には、簡単で分かりやすい手続き、心地よい対応、省エネコンサルサービスなど。

事業会社別に見ると、発電および送配電事業者は、主に領域Aの製品価

値向上を担う。電力会社のコアプロダクトである電気そのものの価値向上領域だ。電気はライフラインであり、公共的なサービスとして広く公平に提供される必要がある。よって、主な価値向上策は電気の品質を保ったうえで価格を安くすることであり、アーカーによる価値分類(⇒ **1-2** **3**「**ブランドの生成**」**参照**)の機能的価値が重要視され、標準化とコストダウンが重要となる。また公的側面が強く環境への影響も大きいため、社会課題の解決も含めて考えていく必要がある。

小売事業者は顧客接点部分を担当するため、接点a、b、cで便益(顧客から見れば価値)を向上させるための領域A、B、C全てにおいて価値向上を狙う。領域Aでは、電気そのものの価値向上以外の策、すなわち他商材・サービスとのセット化や値下げ・キャンペーン値引き・ポイント付与などで価値向上を狙うが、前述の通り、ここでの差別化は昨今難しくなってきている。よって、領域BとCで競合企業と比較した独自性・優位性をつくり出さねばならない(すなわちポジショニング)。そのためには特定の顧客に密着したカスタマイズや特別感などが重要となり、ターゲティングが前提となる。これはアーカーによる価値分類の情緒的価値や自己実現的価値にあたる。

領域BとCの便益の発生場所は接点bと接点cで、この2つが合わさって顧客体験となるが、コアプロダクトが電気のみの場合、接点bは顧客が所有する機器設備部分となるので、電力会社としての顧客体験価値は事実上としては領域Cの活動により接点cにて生み出されることになる。

領域Bのポイントを補足する。領域Bの価値向上は、その商材やサービスの内容によって、電気に代わる新たなコアプロダクトとなる場合もあれば、コアプロダクトは電気のままでその付加的なサービスとなる場合もある。前者を領域B-1、後者を領域B-2としてそれぞれ解説する。

領域B-1において電気に代わる新たなコアプロダクトとしてサービス提供している事例は、関連会社によるものも含めた電力会社ブランドでの機器販売やリースなどが典型である。他にもPPA(電力販売契約)によるサービス提供などがあげられるがその具体例として、東京電力エナジーパートナー

(以下、東電EP)の「エネカリプラス」がある。エネカリプラスは、顧客から見れば発電・蓄電・蓄熱設備を所有せずに、その効能・効果のみを享受する仕組みであり、光熱費の節約に加え、停電が長期化する災害時も電気やお湯が使えるため安心価値も提供している**(巻末資料6)**。

一方、領域B-2の事例としては、オール電化や推奨機器の提案、メーカー・工事店の紹介、機器設備のトラブル時かけつけサービスなど無償の付加的なサービスがあげられる。これらの場合、あくまでコアとなるプロダクトは系統の電気であり、電力会社は電気の需要拡大による売上と利益を得る。

領域B-1は新商品開発の話であり、マーケティング4Pの中ではプロダクトとプライスの領域。領域B-2は付加的なサービスであり、主にマーケティング4Pのプレイスとプロモーションの領域となる。よって、本書では領域Aと領域B-1はスコープ外、領域B-2と領域Cの付加的サービスがスコープ内ということになる。

第4章のポイント

- ポジショニングは提供価値を決める戦略であり、自社の価値をどのように位置付けるかを決めること。
- 電力マーケティングの価値向上領域は「①製品(電気)価値の向上と金銭的コスト低減」「②機器設備の販売や関連サービスの提供」「③サービスやコミュニケーションなどの人に対する付加的サービス」の3つ。
- 製品価値向上と金銭的コスト削減が最もパワフルな価値向上策ではあるが、電気の場合は差別化が難しいため、製品・価格以外の付加的な価値が競争力の源泉となる。

歴史コラム④

希代の電力マーケター 小林一三

　電気事業の黎明期、大正から昭和初期において電気事業の発展に大きな足跡を残した人物としては"電力の鬼"と言われた松永安左エ門や、"電力王"と呼ばれた福澤桃介など何人かいるが、電力会社におけるマーケティングという文脈においては小林一三が断然注目に値する。

　小林は1893年に三井銀行入行後、阪鶴鉄道の監査役となったのをきっかけに箕面有馬電気軌道(後の阪急電鉄)設立に関わり1907年同社の専務となる。このとき小林が行った起死回生の取り組みは、後に私鉄各社やJRがことごとく倣うこととなる日本特有の鉄道経営モデルとなる。それは、鉄道沿線の土地を買収し、郊外宅地の開発と分譲を行い、さらには温泉や動物園などのレジャーランド、ホテル、ターミナルデパートなどをつくり、それぞれシナジー(相乗効果)を働かせながら発展していくという経営手法である。

　こうした経営手法で展開していく中で、阪急電鉄、宝塚歌劇団、宝塚ホテル、阪急百貨店の(あるいはその前身の)事業をスタートさせたのち、1927年に東京電燈の取締役(後に副社長、社長、会長に就任)となり、その後も、東宝、阪急ブレーブス、東京楽天地、第一ホテル、昭和電工、日本軽金属などを次々に立ち上げ、1940年には商工大臣にまでなっている。

　1927年当時、東京電燈は発電所建設や企業合併のための有利子負債が膨らみ、価格競争により利益率も低下。同時に、需要増を見込んで発電設備を建設したが不景気により需要が低迷して想定ほど売れず、

膨大な余剰電力が大きな問題となっていた。さらには社内には使い込み・私的流用まで横行する始末で、経営はかなり危険な状態に陥っていた。

　顧客サービス面で見ると、電灯供給を独占した日本最大の株式会社であるためかおごりが見られ、いわゆる"親方日の丸・お役所仕事"。「電灯は、電灯会社がつけてやるものだ」といった具合で、巷には「電灯会社横暴」の声が満ちていたようだ。そんな中、小林は東京電燈の立て直しを主導していく。

　この小林一三、すでに様々な人が様々な側面で研究しており、多くの記事や書物などに記録が残されているが、これまで世に出ていない新しい側面を紹介しよう。なんとマーケティング先進国アメリカを50年も先取りした世界レベルで見ても先駆的なマーケティング施策を東京電燈時代に展開しているのだ。

　次章の歴史コラムでは、その具体的な内容を説明し、小林一三の希代の電力マーケターぶりを紹介する。

第5章
CXとデザイン思考（WHAT-②）

第5章 CXとデザイン思考（WHAT-②）

　付加的サービスには電力会社が提供する様々なサービスやコミュニケーションがあるが、顧客の立場で見るとこれらは"体験"として映る。顧客の好ましい体験をつくり上げていくことは、企業からの働きかけによって顧客の行動や感情をデザインすることを意味する。

　"CX（顧客体験価値）"や顧客体験を設計するのに用いられる"デザイン思考"は、とくにDX推進の文脈の中でよく出てくるキーワードだ。本章ではこれらに関連するキーワードを取り上げつつ、本書でこれまで述べてきた内容との関連を解説する。

5-1 CXとは

　CXを直訳すると「顧客体験」であるが、体験を通じた価値提供までを含めた「顧客体験価値」として使われることが多い。CXの重要性は指摘されて久しいが、その背景には次のような環境変化が影響している。

✓コアプロダクトのコモディティ化
　競争の激化・コモディティ化により製品の価値の差が小さくなり、合理的に判断できる機能的価値（モノ）から感覚的・情緒的な価値（コト・体験）に重点がシフトしている。

✓顧客接点の多様化・複雑化
　従来の接点にデジタル系の接点が加わり、しかも交互に行き来するようになったことで、良質で一貫した体験提供に向けてプロセス、導線、メッセージ、タイミングなどをデザインする必要性が高まった。

CXは**図4-4、4-5**で説明した製品や価格以外の付加的価値と同義だ。付加的サービスによって提供される価値が付加的価値であり、付加的価値とはすなわち顧客接点における体験価値のこととなる。これらの用語を改めて整理すると以下のようになる。

用語解説

✓コアプロダクト
工場（発電所）から出たばかりの"製品（製造した品）"。顧客が対価を払う一義的な対象。

✓付加的サービス
コアプロダクトを取り巻く付加的なサービスのこと。

✓商品
コアプロダクトと付加的サービスを合わせた"商いの品"。

✓基本的価値
「製品価値」と「金銭的コスト」のこと[1]。商品やサービスの機能・性能・価格といった合理的な価値。

✓付加的価値＝顧客体験価値（CX）
「サービス価値」「接点対応価値」「イメージ価値」「時間的コスト」「エネルギーコスト」「心理的コスト」のこと[1]。購入するまでの過程、使用する過程、購入後のフォローアップなどの各過程における経験で、感情・情緒など心理的な価値の訴求を重視する。

　CXと同じ場面でよく使われる用語としてUIとUXがある。混同して使われがちであるが、UIは製品やWEBサイトの操作性も加味したデザインなどプロダクトやコンテンツの顧客との接点や境界面、UXは個々の商品・サービス利用時における顧客体験、CXは顧客と企業全体の関係を通じた顧客体験である。

1）コストは低減することが前提

> **用語解説**

✓ UI：ユーザー・インターフェイス
　製品・サービスの利用接点や境界面のこと。WEB画面やタッチパネルなど、ユーザーとのタッチポイントとなるものであり、操作性・使い勝手なども含めたデザインを表すもの。

✓ UX：ユーザー・エクスペリエンス
　個々の製品・サービスの利用体験あるいはその際にユーザーが得られる価値のこと。UXをより良くしていくには、UIによって得られる体験だけでなく購入・利用までのステップや導線、問い合わせ時の対応や付加的なサービスなども含めた製品・サービス利用における全体設計が必要。

✓ CX：カスタマー・エクスペリエンス
　一連の製品・サービス全体を通じた顧客体験あるいはその際にユーザーが得られる価値のこと。購入検討時や複数製品・サービスの継続利用時はもちろんのこと、利用後・解約後まで含めた体験や価値のこと。とくに感情や心理的な価値も含めて追求することとなり、企業全体での取り組みが必要。

出所：ベイカレント・コンサルティング著『感動CX 日本企業に向けた「10の新戦略」と「7つの道標」』（東洋経済新報社）を基に筆者作成

　このようにマーケティング用語は略語が多い。また、同じようなことを言っているのだが異なるワーディングを使うことがよくある。例えば、少し前に流行った「ブルーオーシャン戦略」は、戦略キャンバスなどの具体的な手段は別にして、やろうとしていることはポジショニングの概念と同じだし、「データベースマーケティング」「リレーションシップ（関係性）マーケティング」「1 to 1マーケティング」は現在においては焦点をどこに当てているかの違いだけで目的や概要はほぼ同じだ。

　こうした時代とともに次々に現れる新しい用語との付き合い方を紹介しておく。

①基本（本質）を大事にする
　ワーディングは新旧様々あるが、使っている人が何を言いたいのか、その言葉の意味は何なのかよく理解することが大事である。ワーディングの表

層的な意味ではなく奥にあるものがより大切だ。また、長年使われてきた言葉に宿る考え方やフレームワークには、生き残ってきただけの意味や力があり本質を伴っていることが多い。

②新しい概念も積極的に使うべき

流行っている新しいワーディングを否定しているわけではない。薄っぺらなバズワードは別にして、排除するのではなくむしろ積極的に使いたい。その理由を以下で紹介する。

◇ 新しい概念を取り入れる

既存の概念と近しいものであったとしても、その人が初めて触れる考え方であれば有用であることに違いはない。また、これまでにない全く新しい概念である可能性もゼロではない。

◇ 理解を深める

流行っているものはそれなりに理由があるはずだ。これまでとは違うところに焦点をあてていたり、切り口が違っていたり、シンプルでわかりやすかったりなど。そもそも「マーケティング」というワーディングからしてとても分かりにくい概念だ。様々な角度でみることで理解を深めることができる。

◇ 使われてこそ活きる

例えば、デザイン思考はマーケティング思考よりも狭い領域ではあるが、より精緻化され具体的になり、ビジネス現場で使いやすくなった。また、CXは本書でいう「付加的価値」、あるいはバーンド・H.シュミットの「経験価値」やB・J・パインⅡとJ・H・ギルモアの「経験経済」の概念と近いが、デザインの力も取り込み、より現代にマッチした受け入れやすい用語となっている。きちんと認識され、使われてなんぼである。

③そのうえで乱用は避ける

とは言え乱用は避けたい。マーケティング用語は、カタカナやアルファベット2～3文字の略語が多い。分かっていれば意味や意図を正確に早く伝達できて便利だが、知らない人からすると何を言っているのかさっぱりわからない。わからないことよりも厄介なのが誤認である。発信者が「伝えた」、受け取り手が「わかった」と認識しても違う意味でとらえてしまうことがあるので注意が必要である。

5-2 デザイン思考とは

イノベーションを伴う本格的なDXの推進者、とくに顧客接点関係のオペレーションやプロモーションに関わるような人たちの中に、マーケティングを専門的に学習・経験していないにもかかわらずマーケティング的なセンスや知見をもった人を見かけることがある。彼らはDX推進にあたりデザイン思考（Design Thinking）を習得・活用しており、徹底した顧客起点で物事を考えているのだ。

デザイン思考とは、デザイナーがデザインする際のプロセスを活用し、顧客自身も気づいていないような潜在的な本質ニーズを見つけ、新たな視点からの解決策を見いだす思考法である。優れたデザイナーの思考手順をもとに、デザイナーではない人がこれを実現できるように、フレームワークやステップなどを体系的に示したもので、以下のプロセスを踏む。

＜デザイン思考のプロセス＞

Step1：共感（Empathize）
インタビュー調査などでユーザーの言動やその奥にある感情を深掘りする。

Step2：問題定義（Define）
ユーザーが本質的に求めているニーズを定義し、課題解決の方向性を定める。

Sep3:アイディア(Ideate)
ブレーンストーミングなどで課題解決のアイディアやアプローチ方法を見つけ出す。

Step4:プロトタイプ(Prototype)
低コスト・短期間で試作品を作る。

Step5:テスト(Test)
試作品を使ってユーザーの反応を確認。新たな課題の洗い出しも行う。

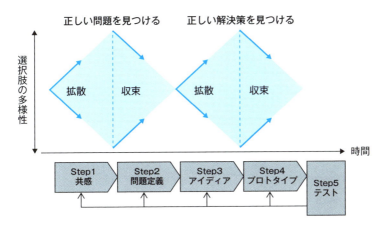

出所:デザインのダブルダイヤモンド(英国デザインカウンシル2004)と、デザイン思考の5つのステップ(スタンフォード大学dスクール)を基に筆者作成

図5-1 デザインのダブルダイヤモンドとデザイン思考5ステップ

　もともとデザインは、開発された製品の造形や色を魅力的にする、あるいは広告宣伝を洗練させたりインパクトを強くしたりするなど、価値提供プロセスの最後の仕上げとして見栄えを良くすることを役割としていた。

　一方で、今日におけるデザインは、色や形などの意匠や物理的な製品の見栄えを良くすることにとどまらず、人間の行動や感情をデザインすることも含む。むしろ、人間の行動や感情のデザインが目的で、これを実現するために製品の色や形、プログラムやアプリ、サービスやコミュニケーションな

どをデザインするようになってきている。このような人間の行動や感情を中心に据えた考え方を"人間中心の思考"といい、デザイン思考の最も重要なポイントとなる。

行動や感情がいくつか重なればそれは体験といえるので、今日のデザインは顧客の体験をデザインすることで価値を生み出すことになる。顧客自身も気づいていないような課題を発見・定義し、新たな視点から解決策を見いだして顧客の体験をデザインする、これはすなわち"人間中心の思考で行うイノベーション"といえる。

5-3 人の行動・感情・体験を変えたデザイン事例「ママ代行ミルク屋さん」

人の行動・感情・体験を変えるために製品をデザインした好事例として、おやすみたまご本舗が製品化したハンズフリー授乳クッション「ママ代行ミルク屋さん」を紹介したい。

まずは以下の状況を想像して欲しい。

＜想像して欲しい状況＞
- あなたは三つ子の赤ちゃんの世話を初めて任されているお父さんです。
- 三つ子がお腹を空かせて同時に泣き始めました。
- 赤ちゃん達はまだ自分で哺乳瓶を持てず、今家にはあなた一人しかいません。

ミルクは1人ずつ飲ませるしかない。1人に飲ませている間、2人の赤ちゃんは泣き続ける。本来、愛する我が子がミルクを飲んでいる顔を見るのはとても幸せなこと。授乳時の安心感ある落ち着いたアイコンタクトは赤ちゃんの成長発達に影響するとも言われているが、他の赤ちゃんが火がついたように泣いているので、それどころではない。慣れない作業に慌てふためき、ミルクをこぼすありさま…。

出所：ママ代行ミルク屋さん｜おやすみたまご本舗より
https://www.oyasumitamago.jp/c/selfmilk/003

図5-2 ペアレンティングアワード2022を受賞したおやすみたまご本舗の"ママ代行ミルク屋さん"

　これからあなたに降りかかってくる悲惨な状況が想像できただろうか？では、**図5-2**を見て欲しい。

　先ほど思い浮かべた悲惨な状況との体験価値の違いたるや、まさにイノベーションが起きたと言えないだろうか。

　製品そのもののデザインは至ってシンプルだ。立方体のクッションの角を斜めに切りおとし、哺乳瓶を挟むゴム状の布を付けただけなのだが、授乳時の体験価値を大きく向上させている。

　三つ子の赤ちゃんというレアケースで事例紹介したが、あえてこうした極端なユーザー（エクストリームユーザー）の心の奥深くを聞き込む調査手法がある。ニッチで極端なエクストリームユーザーに着眼して調査を行うことで、平均を測るような調査では気づかないニーズを浮かび上がらせ、他にはない独自性あるいは優位性を実現することが可能だ。そして、開発された商品は調査対象とした極端なユーザーだけでなく、今回の例では赤ちゃんが1人の場合など一般的なユーザーにも価値を提供することになる。

　調査手法としては、調査対象者自身も気づいていないようなインサイト（深い洞察）を探る調査のため、デプスインタビューやエスノグラフィ（行動観察調査）により調査することが多い（⇒ **3-3** **3**「ヒトの情報を把握する調査手法」を参照）。デプスインタビューやエスノグラフィは調査サンプル数が少ない

第5章　CXとデザイン思考（WHAT‐②）

085

ものの、大量サンプルによるアンケート調査よりも深掘りしたインサイトを得られやすい。調査対象となるユーザーを大量のサンプルの一つとして定量的・平均的に捉えるのではなく、暗黙知の塊であるリアルな一人の人間として見て、言葉だけでなく表情・しぐさ・挙動などを観察することで無意識の領域まで捉えようとする。デザイン思考においてよく用いられる調査手法である。

　開発したスマイルケアジャパン社の「おやすみたまご本舗」のホームページを見ると、お母さんの笑顔を作るために、ママ代行ミルク屋さんを作ったとある。人の行動・感情・体験を変えるために、製品をデザインした好事例である。

　デザイン思考は、システムやテクノロジーの話になりがちなDX推進に欠かせない要素の一つであり、繰り返しになるが、ユーザー起点でのステップを踏むことで「人間中心」としているのが最大の特徴となる。

　すでに述べたように、マーケティングはあらゆるビジネス機能の中で最も顧客と関わる部分が大きく、顧客を中心に据えてすべてを考える。デザイン思考とマーケティング思考はかなり近いマインドセット[2]であることがイメージできただろうか。

5-4 デザイン思考×リーンスタートアップ×アジャイル開発

　現代は、変動性(Volatility)、不確実性(Uncertainty)、複雑性(Complexity)、曖昧性(Ambiguity)に満ちている。いわゆるVUCA(ブーカ)の時代だ。WEBサイト等のデジタル接点やサービス開発において、従来のような事前に綿密に計画された新製品やサービスの投入が有効に機能しなくなってきている。こうした状況に対応するため、デザイン思考についてもう少し深掘りするとともに、関係の深いマネジメント手法や開発手法についても解説する。

2) 思考様式、考え方の指向、物事の見方

デザイン思考は「共感」「問題定義」「アイディア」「プロトタイプ」「テスト」のプロセスで進められるが、これらは常に一方向で線形に進むのではなく、トライ＆エラーを繰り返す反復プロセスとなることも特徴の一つだ。とくに、プロトタイプを作成したうえで対象となる顧客の反応を確認し、これをもとに問題定義やアイディアを練り直すプロセスが重要となる。

製品やサービスのユーザー調査を行う場合、それが今までにない新しいものであればなおさら、コンセプトや商品概要を言葉で説明してもなかなか伝わらないし、ユーザーも自分の思いや考えをうまく言葉にできないことが多い。

よって、デザイン思考においては早い段階で、簡易な形で手作りもしくは極めて安価にプロトタイプを作成し、言葉での説明だけでなく現物を使ってユーザーの反応を見る。こうすることでユーザーは言葉だけでは伝わらない質感や操作性なども含めて実体験することができる。調査方法は定量ではなく定性の調査を使うことが多い。デプスインタビューやエスノグラフィ（行動観察調査）などで、ユーザーが言葉にできていない内面を探る。これを何度か繰り返して、完成度を高めていく。

プロトタイプの改善点を指摘してもらうこうしたプロセスは、「良い失敗」を意図的に発生させるプロセスと捉えることもできる。多くのリソースを投入した完成品を市場に投入してから失敗だったとわかる「最悪の失敗」は避けなければならない。成功のためには、価値ある情報をもたらす失敗（＝良い失敗）が必要だ。そうした失敗は小さく早く数多く経験した方がよい。

デザイン思考により開発された製品は、必要な最小限の機能を備えた初期の製品・サービスとして市場に投入し、市場の反応を見ながら改良していく手法がとられることが多い。こうした手法を「リーンスタートアップ」という。

トヨタ生産方式を基に開発された「リーン生産方式」のスタートアップ（起業や製品導入）版で、「リーン」は「痩せた、ぜい肉がない」の意味である。製品・

サービスまたはキャンペーンなどを開発・リリースする際、競合他社に勝つために、あるいは企業側の顧客視点の欠如により不必要な機能・サービスを付加して開発・リリースしてしまうことを避けるためのマネジメント手法といわれている。

　リーンスタートアップは、デザイン思考の5つのプロセスが市場へのサービスリリース後も継続して行われていくイメージとなる。市場・顧客の反応を的確に取得して改善を常に行っていき、顧客と一緒に満足する製品・サービスをつくり上げていく、顧客との共創の概念を取り入れたスタートアップ手法といえる。

　こうしたデザイン思考やリーンスタートアップに適した開発手法がアジャイル開発である。アジャイル開発は「計画→設計→実装→テスト」といった開発工程を、機能単位の小さいサイクルで繰り返すのが特徴だ。仕様変更や変化を前提にした開発手法で、サービスリリースまでの時間を短縮できることが名前の由来となる（アジャイル＝素早い・機敏）。

　なお、アジャイル開発と対比される従来の開発手法をウォーターフォール開発という。初めに開発要件定義や設計を細部まで決めてから開発に着手するやり方で、上流工程から下流工程に沿って開発を進めてリリースで一気に落とす滝に例えた名前になっている。

　従来のような事前に綿密に計画された新製品やサービスの投入は、変化の激しい現代においてもはや有効に機能しなくなってきている。価値ある情報をもたらす失敗（＝良い失敗）を小さく早く数多く経験するために、デザイン思考、リーンスタートアップ、アジャイル開発などの顧客とともに価値創出する取り組みを取り入れていく必要がある。

5-5　長期で通用するコンセプトや構想の重要性

　ここで誤解してはいけないのは、変化の激しい現代において通用しなくなっているのは事前に綿密に計画された方法論（HOW）としての新サービス投

入計画であって、コンセプト（WHO & WHAT）の重要性は不変だ。むしろ、方法論としての各種計画が環境や状況に応じて頻繁に変わるからこそ、方向性を指し示す長期間にわたって通用するコンセプトの重要性が増す。そう変わることのない人間の本性を捉えた長期で通用するコンセプトは、長期的かつ全体的視点に立った基本となる考え方や骨格となるため"構想"といってもいいかもしれない。

　なぜ構想が重要なのかというと、顧客のために統合した動きをしなければならないからだ。顧客接点が多様化・複雑化する中、各顧客接点の担当組織が無秩序にそれぞれ異なる方向にユーザー・インターフェイスやサービスを開発してはまずい。

　また、変革要素が多い本格的なDX推進においては、基幹システムの変更を伴うような長期的な計画となることがよくある。何をしたいか、最終的にどんな絵姿になろうとしているのかによってシステムのアーキテクチャ（設計思想、構造）も異なってくる。計画が長期になれば、人の入れ替わりも多くなり、前担当者と次の担当者それぞれにおける一貫した方針維持も重要だ。

　さらに、個別の改善はそれぞれの組織の判断ですべきだが、関係する組織や人が多ければ多いほど、同じ方向性を見たうえで仕事を進めていく必要がある。

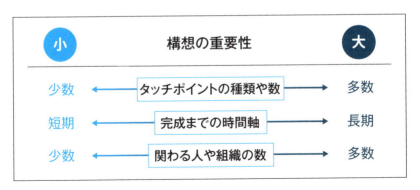

図5-3 構想が重要視されるパターン

もちろん、個別具体的な現場レベルでの前向きな変化を妨げてはならないので、抽象度・概念レベルを上げて変化を許容する形で構想をつくらねばならない。

　顧客に価値を提供する、その方向性に間違いはないはずだ。では、その目的やゴールは何か、誰に、どんな価値を提供するのか、そのために必要なことは何か、を明らかにする。そのうえで、ユースケース（利用者の要求、活用事例）や必要な機能などを詰めていく。必要な技術やパートナーも明らかになってくるかもしれない。また、いつまでにやるのかも重要だ。大きな構想であればあるほど、一足飛びにゴールには行けない。ステップを踏んだ計画が必要となるだろう。

　こうした構想のもとに各所で作成する個別の計画が紐づき、全体が連動して動いていく。業務を抜本的に変容させるほどの大きなDX推進には構想が欠かせない。

第5章のポイント
- デザイン思考は、顧客のニーズを見つけ、新たな解決策を見いだす思考法であり、顧客体験をデザインするために活用される。
- 変化の激しい時代においては、顧客との共創を重視し、市場の反応を取得しながら製品やサービスを改善していくことが求められるため、デザイン思考、リーンスタートアップ、アジャイル開発などが有用。
- 長期で通用するコンセプトや構想の重要性は変わらず、顧客に価値を提供するための方向性を明確にし、各組織や個別の改善を連動させる必要がある。

歴史コラム⑤

小林一三が主導したマーケティング改革

　小林一三は当時巷に満ちていた「電灯会社横暴」の声を受け、販売方法や需要家サービスを学び一人前の商人になること、すなわちサービス充実・顧客満足により会社の利益を上げることの重要性を強調した[1]。小林が主導した様々な改革の中から、主にマーケティング関連の3つの改革を見てみよう。

① 顧客接点となる営業拠点の拡充と権限委譲によるサービス強化

　顧客接点の最前線である営業所の体制を刷新。従来東京市内の営業所は4カ所だったが最終的には17カ所にまで増やし、さらに営業所の下には顧客に最も近いところに派出所がおかれた。工務関係者を配置転換させて営業人員を増強したうえで、それまでは万事本社の指示を受けてから業務を行っていた方法を、顧客に対する日常的な意思決定権限を本社から営業所に委譲。迅速できめ細かいサービス提供が可能となった。

② 需要家への電気器具販売やアフターサービスによるLTV向上

　電気機器設備の販売やアフターサービスを社員に行わせ、機器設備領域に踏み込んだ価値向上を行った（⇒図4-6「電力マーケティング価値向上3領域」の領域Bを参照）。経営的課題となっている余剰電力解消に貢献しつつ、商売人精神・サービス精神の向上につなげた。こうした取り組みは顧客単価増と失注抑止に貢献し、当時にはなかった指標ではあるがLTV向上につながったはずだ。

従量需要家向け広告　　　　　定額需要家向け広告
（『社報』第380号より）　　　（『社報』第380号より）

図　顧客の契約内容によって出し分けた領収証裏面広告

③ 顧客の契約ごとに出し分ける広告展開

　領収証裏面広告を営業所ごとに考案。季節ごとに違う電気器具の広告を載せるといった工夫はもちろん、従量制の顧客には扇風機やアイロンなどの電気器具の購入を勧め、電気の使用量ではなく電燈の灯数や燭光数（明るさ）によって料金を決める定額制の顧客には増灯や増燭光を勧めるなど、顧客の契約内容によって異なる広告を掲出していた[2]。

1）営業現場における具体的事例として、1930年5月の東京電燈社報に掲載された記事が参考になる。東京南部、今の品川区に新しい総合出張所として開設された小山出張所（後に営業所となる）が、開所記念家庭電器展覧会を開催した報告記事で、本文で紹介した①と②に該当する内容だ。詳細については**巻末資料7**を参照いただきたい。
2）性別・年齢などの属性ごとにセグメントされた広告は古くから存在する。例えば、江戸時代後期における錦絵には銭湯の女風呂壁面に化粧品（おしろい）の引札（チラシの元祖）が確認できる。明治時代の雑誌にも広告があり、嗜好や価値観ごとにセグメントされた広告といえるだろう。ただし、これらはセグメント単位で細分化されてはいるものの、1つの広告物を不特定多数の人が見るマス広告だ。一方、電気の契約内容単位で出し分ける広告は、1つの広告物を1契約者が見る1 to 1広告の原型ともいえるものであり、通常のマス広告とは異なる（取材協力：アドミュージアム東京）。また、1910-1930年代における新興企業（洋酒のサントリー、洋菓子の森永、石鹸の花王、歯磨きのライオン）による当時の広告については**巻末資料8**を参照いただきたい。その後大企業へと発展する会社の勢いがあるベンチャー企業時代ということもあり、それぞれ非常に斬新でユニーク、クリエイティビティにあふれる広告であるが、全て不特定多数へのマス広告であり、顧客ごとに出し分ける広告は見られない。

第6章 タッチポイントとコミュニケーション（HOW-①）

第6章 タッチポイントとコミュニケーション(HOW-①)

本章からHOWに入る。ターゲットを決め提供価値・ポジショニングを整理したその次は、実行に移すための具体的な方法論・戦術を検討することになる。

昨今のネット社会の広がりとデジタル技術の高度化により、捕捉できるデータ量が飛躍的に増えたのが行動データである。購入前や購入後の動きも捉えることができるデータを他のデータと紐づけして分析・解析することで、様々な形で価値向上につなげていくことが可能となる。行動データは、顧客の足跡のようなもので、その恩恵を最も受けるのが顧客接点関係の施策であり、顧客接点関係は4Pの中でいえばプロモーションとプレイスだ。

本章では顧客体験の構造を明らかにしたうえで顧客接点(=タッチポイント)とコミュニケーションに触れる。

6-1 顧客体験の構造

まず、本章でよく出てくる4つ用語「タッチポイント」「チャネル」「コミュニケーション」「サービス」の定義と関係性を整理し、顧客体験の概念的構造を明らかにする。

用語解説

✓タッチポイント

顧客接点、企業と顧客の接点のこと。購買前後や解約後の広告やWEBサイトなども含み、顧客に何らかの変化・影響を及ぼす接点。

✓チャネル

商流のこと。一般的には物流などを含むもっと広義な意味もあるが、本書では情報・所有権・金銭などの流れや経路である商流のことを指す。

✓ コミュニケーション

意思・感情・思考などを含む情報の伝達のこと。4Pのひとつプロモーションを顧客目線で言い換えたもの。

✓ サービス

無形の財や価値あるいは役務などを提供すること。無料やおまけなどの意味もあるが、本書では顧客に価値をもたらす行為や活動のことを指す。

タッチポイントとチャネルは"接点"や"経路"などの"場"のことだ。タッチポイントの方が広い概念で、タッチポイントのうち売買が可能な場をチャネルと呼んでいる。コミュニケーションとサービスは"伝達"や"提供"であり、価値を届ける"活動"だ。

タッチポイントやチャネルという場で、情報や役務などの価値を顧客に伝達・提供する活動がコミュニケーションやサービスである。

こうした活動を行う主体は企業だが、前章でも述べた通り、これらは顧客の立場から見ると"体験"となる。顧客体験の構造を説明すると次のようになる。

顧客体験とは、購入の場（チャネル）だけでなく、購入前後や解約後の対応まで含めて、顧客に何らかの変化・影響を及ぼす接点（タッチポイント）の全体を通じた顧客の体験のこと**(図6-1)**。この体験の中でコミュニケーションやサービスなどにより提供される価値を"顧客体験価値"という。

本章ではチャネルを含むタッチポイントとコミュニケーションを、次章ではサービスについてをそれぞれ深掘りしていくが、実際にはサービスとコミュニケーションは一体となって効力を発揮することが多く、本書では便宜上分けている点に留意いただきたい。良質なコミュニケーションはサービスとなり得るし、サービスには必ずコミュニケーションが発生する。

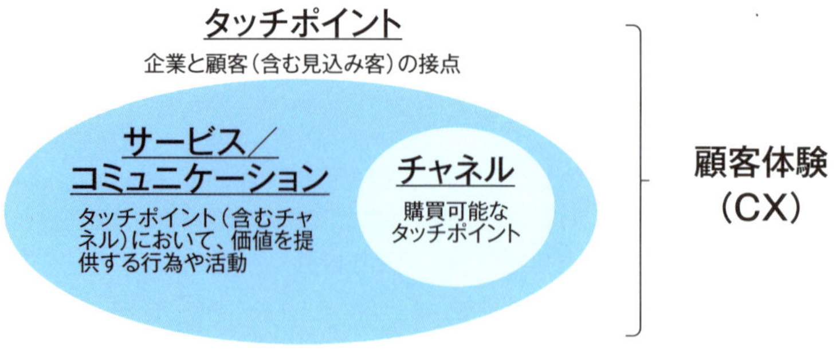

タッチポイント
企業と顧客（含む見込み客）の接点

サービス/コミュニケーション
タッチポイント（含むチャネル）において、価値を提供する行為や活動

チャネル
購買可能なタッチポイント

} **顧客体験（CX）**

図6-1 タッチポイント／チャネル／コミュニケーション／サービス／顧客体験の関係性

6-2 タッチポイント

　電力会社において新たな価値提供を考える場合、新商品やサービスあるいは料金メニューの開発の話になることが多いが、それだけでは価値を伝え、届けることはできない。各タッチポイントにおけるサービスやコミュニケーションによる価値提供（すなわちマーケティング４Ｐのプロモーションやプレイス）にもっと意識を向けるべきだ。

　自由化以降、旧一電のシェアは減り、とくに若い世代との関係性がこれまでとは変化してきているのは確かだが、各地域におけるシェアも顧客との関係性の深さも、電力会社の中では旧一電が現状においては圧倒的ナンバーワンの強者のはずだ。強者には強者の戦い方がある。強みを発揮できる間は顧客シェアや関係性という武器、すなわち顧客接点の強みをもっと有効に活用すべきだと考える。

　なお、戦争理論をルーツとして市場シェアごとの戦い方を体系化したものにランチェスター戦略がある。シェア1位の強者だったとしてもシェアが何％かによって強者の意味合いが異なり、2位以下の弱者にも段階的に目指すべきシェアとその意味がある。詳細は**巻末資料9**を参照いただきたい。

1 タッチポイントの分類・特徴

　タッチポイントの分類方法はいろいろある。例えば、デジタルとアナログに分けてから細分化していく方法、電波媒体・紙媒体などのメディア単位で分ける方法、認知・理解・検討・購入などの態度変容プロセスごとに分ける方法などである。ここではいくつかの分類方法を複合して各タッチポイントの特徴を捉えていきたい。**図6-2**は、縦軸をリーチ（伝達範囲）の広さ、横軸を態度変容プロセスとしてタッチポイントを5つに分類（以後これを"5大接点"という）した。

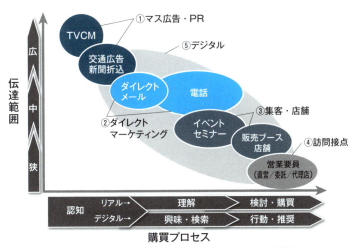

図6-2 5大接点マップ

用語解説

✓ マス広告・PR

マスメディアを使った不特定多数に対する一方通行のコミュニケーション接点。最大の特徴は圧倒的なリーチ（伝達範囲）の広さ。マス広告の代表格TVCMはとくに高齢層の認知獲得が得意で1人当たり認知獲得コストは最も安い。リッチな映像やビジュアルによるブランド・イメージ醸成も得意。個を特定しない広報・PRもこのカテゴリーに入る。

例）テレビ・ラジオ広告、新聞・雑誌広告、電車・バスなどの交通広告、プレスリリースなど

✓ ダイレクトマーケティング

住所・電話番号など個を特定して行う1to1の双方向コミュニケーション接点。個に対する紙媒体や人の声による説明が可能という意味で訪問接点と似た特徴を持つが、より安価で広範囲にコミュニケーションでき、マス広告だけで伝わりきらない理解促進活動を中心に、集客・店舗あるいは訪問接点への橋渡し機能としても有用。

例）ダイレクトメール、コールセンターでのインバウンド接点、アウトバウンドテレマーケティングなど

✓ 集客・店舗

イベントや店舗などに集まる人に対するフェイスtoフェイスでのコミュニケーションやサービス提供の接点。機器などの物財を展示可能で、人では持ち運べない現物を実際に見て触れる特徴を持つ。また照明・音楽・香りなども含めたトータル空間設計が可能で、5大接点中唯一の待ち受け専門接点ではあるが、最もリッチなコミュニケーションやサービス提供が可能。

例）イベント、展示会、セミナー、店舗、ショールーム、販売ブースなど

✓ 訪問接点

客先に訪問するフェイスtoフェイスでのコミュニケーションやサービス提供の接点。専門知識や技能を有する訪問要員が訪問し、当該顧客にフォーカスした詳細提案や見積もり対応などが可能。顧客1人当たりにかかるコストは最も高いが、専門的かつ臨機応変に対応が可能でクロージングに向けた活動に適した特徴を持つ接点。直営だけでなく委託や代理、BtoCだけでなくBtoBtoCでの訪問活動も含む。

例）訪問販売、代理店販売、サブユーザー営業、ルートセールスなど

✓ デジタル

デジタル上の接点。個を捉えることが可能で守備範囲が広い。マス、1to1コミュニケーション、集客・問い合わせ、クロージングなどすべてに対応することができる。デジタル

のため計測・記録・分析にかかる労力やコストも最も小さい。ただし、人間はフィジカルな存在であり、デジタルとリアルの領域を行き来するため、デジタルのみに特化するのは危険。
例）動画・バナー・リスティング広告、メールマーケティング、ネットセミナー、メタバースショールーム、SNS等使った口コミマーケティング、ランディングページ作成、ECサイトなど

　マップと用語解説を利用するにあたり、留意いただきたい点が3つある。
　1つ目は、漏れや重複を避けるために、一般的な分類とは異なる仕分けも一部で行っている。本マップでは「デジタル」を1つのくくりにすることを優先した。例えば、デジタル広告関係は「マス広告・PR」に入れてもよいし、メールマーケティングなどは「ダイレクトマーケティング」に入れてもよいし、「メタバースショールーム」は「集客・店舗」に入れてもよいのだが、ここでは「デジタル」に分類している。
　2つ目は、便宜上、図6-2の横軸には購入に至るまでのプロセスが示されているが、購入後におけるタッチポイントについてもこの5大接点の分類が適用できる。例えば、既存顧客に対しコストをできるだけかけずにコミュニケーションを取ろうと思えばデジタルが中心になってくるし、他の商材をクロスセルしようと思えば他の4つのタッチポイントについても特徴を加味しながら組み合わせて使っていく、ということになる。
　3つ目は、広告とPRを違う意味で使っている点だ。電力会社ではこの2つを混同し同じ意味合いで使っているシーンをよく見かける。とくに広告代理店など外部と会話する際はきちん区別して用いるようにしたい。
　社内あるいは社外も含めた関係者間でサービスやコミュニケーション、あるいは顧客接点に関する議論を行う際、タッチポイント全体を俯瞰したうえで「ここの話をしている」というのを明らかにし、言葉の定義を明確化した共通言語で会話しないと意味が通じなかったり、すれ違ったりする。本マップを活用いただきたい。

> **用語解説**

✓広告
　企業が自社商品やサービスなどの宣伝を、お金を払って各メディアに掲載・放送する活動。いつ・どこに・何を・どのように載せるかは企業サイドでコントロール可能。アドバタイジングの略で"アド"と言うこともある。

✓PR（Public Relations：パブリック・リレーションズ）
　広義の意味では、社内外の関係者との良好な関係構築や信頼獲得を目的とした諸活動だが、マーケティング・コミュニケーション上においては、各メディアにニュースや記事あるいは番組として取り上げてもらうための諸活動を指す。例えば、プレスリリース、会見発表、各メディア企業への訪問や情報提供活動など。広告と違い、いつ・どこに・何を・どのように載せるか企業としては基本的にアンコントローラブルとなる。ただし、取り上げられた際には企業広告ではないため、顧客から見て信頼性が高い情報となる。

❷タッチポイントの方向性

　近年のタッチポイントにおける特筆すべき変化は、デジタル接点の急激な拡大だ。コロナ禍が、それまでもあったデジタルの波を急加速させた。以前は若者を中心とした一部の先進層がデジタル化を牽引していた感があったが、コロナ禍による非接触ニーズの強まりが企業や大学のWEB会議や講義、テレワークを急激に促進させ、デジタルに疎い比較的高い年齢層の人たちも含めて、ある意味有無を言わさずに利用が促進され、全体的にITリテラシーが底上げされた。同時に、こうした利用者側のデジタル利用拡大に呼応する形で、企業側のテクノロジー実装や効果を最大化するための運用・支援も発達した。
　こうした状況を踏まえた今後のタッチポイントの方向性を探る。

①長所を活かした最適な組み合わせ
　タッチポイントにおけるデジタル接点の特徴として、個を捉える点に目が行きがちだが、むしろ活用範囲の広さが最大の特徴だと筆者は考えている。個を捉えた双方向のコミュニケーションが可能なのはダイレクトマーケティ

ングや訪問接点などの人による対応と一緒だが、活用範囲の広さは他の接点には真似ができない。広告・PR領域、イベントやセミナー、詳細の説明やQ&A対応、契約申し込みからアフターフォロー領域まで活用範囲は実に広い。

　顧客から見れば、この適用範囲の広さから他のリアル系タッチポイントとの行き来が可能となり、個人情報を提供することで時間や手間を省き、好みに合ったレコメンド（おすすめ）を受けることが可能となる。企業から見ればデジタルとリアルを行き来し多様化する顧客の動きを個で捉えることで、これまでわからなかった新しい発見を得ることができ、より適切な価値提案が可能となる。

　かと言って、デジタル接点のみに特化すればよいわけではない。すべてのセールス・ターゲットや既存顧客がデジタル接点のみを使うわけではないからだ。また、タッチポイントの特性としてデジタルがすべての接点の上位互換というわけではない。例えば、商材や世代にもよるが伝達範囲でいえばまだまだTVCMを代表とするマス広告の方が幅広く、家電や住設機器のようにリアルな製品を見て触れるなど製品自体を五感で感じてもらうにはイベントや店舗でないと不可能である。また、言動の背景にある意味や動機をその場で臨機応変に解釈し、共感力をもって相手とつながりを築くのは人間にしかできない。とくに高度なホスピタリティや専門性の高いコミュニケーションを必要とする場合、適切な体験の提供という面では、テクノロジーやマシンは人間に勝てない。

　だが、人による対応はコストが高くつくし、人材の教育・育成にも何年もかかる。

　顧客1人に接触する際のコストは、リーチ（伝達範囲）が広いマス広告が最も小さく、訪問接点（人）が最も高い。よって、商品サービスを知ってもらうというマーケティングファネルの初期段階から訪問接点（人）を使うのはコスト効率が悪く、採算が合わない。貴重で高価な人的販売資源はファネルの最後の部分でこそ、その持ち味を発揮できる。

　結局のところ相互補完が必要なのだ。実際のカスタマージャーニー（顧客

が製品やサービスと出会い、購入・利用・再購入するまでの道のり)を考えれば、単独のタッチポイントで適切な顧客体験を作り出すことは難しい。目的や商材に応じて、特徴・長所を活かして各タッチポイントを組み合わせて配置すること。これがタッチポイント構築の大原則だ。

②顧客起点でタッチポイントを統合マネジメント

あなたの会社が持つ貴重な顧客データはどのように整理・保管されているのだろうか。多くは契約前・契約中・解約後で分断されており、施策やタッチポイントごとに社内各所にバラバラに保管されているのが実情ではないだろうか。既に述べたように、行動データは捕捉できるデータ量が飛躍的に増えている。顧客一人一人にユニーク(一意)に発番されるユーザーIDにより、購入前や解約後の行動データと、他の契約・属性・心理データを紐づけ、シングルソースデータ(同一対象の多面的情報を捉えたデータ)として活用できれば顧客理解の深化と打ち手の最適化につながっていく**(図6-3)**。

例えば、1年前にDM送付とアウトバウンドコール(営業電話)を行った顧客が、1カ月前にイベントに参加し、1週間前に電話をかけてきたとすると、これらの顧客の行動記録から関心事や提案の適切なタイミングを予測し、直近のWEB行動履歴を確認したうえで訪問して提案営業活動を実施する

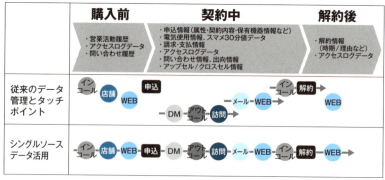

図6-3 シングルソースデータによる顧客理解の深化と打ち手の最適化

ということが可能になる。また、解約する顧客の属性・契約内容・支払方法などの傾向と、解約直前のWEB行動履歴などからスコアリング（点数付けとランキング）を行い、解約可能性が高まっている顧客にピンポイントで解約抑止策を講じることもできる。もちろん新規顧客獲得時やクロスセル（追加購入の提案）などでも同様に対策を講じることができる。

　こうしたことを実現するための前提は、顧客一人一人に発番されるユーザーIDだ。これまで電力会社（旧一電）は電気を供給するためのデータとして、供給する場所単位でデータを管理していた。電気は電力会社にとって大事なメイン商材ではあるものの、商材の一つであり価値を提供するための媒体にすぎない。そして価値を感じるのは、あくまで人であって設備や場所ではない。データ管理を、電気の供給先である設備の設置場所単位から、価値の提供先である人単位で構成し直してユーザーID管理を行う必要がある。

　そのうえでデータを蓄積する環境を整えるのだが、データは活用してなんぼである。施策実施組織が活用しやすい環境にすることも大事なポイントだ。データの棚卸しを行い、分類・定義して取得方法や更新頻度などを記述するデータカタログを整備することが前提として必要になるだろう。そうしたうえで、各タッチポイントで得られたデータを契約情報などの他のデータと紐づけして見える化を行い、簡易な分析であればすぐにできるような仕組みを準備し、専門家だけではなく特別な知識やスキルを持たない人でも扱えるようにする"データの民主化"が望まれる。高度で複雑な分析については必要に応じて専門分析部隊の力も借りながら、成功・失敗要因の発見あるいは予測を行い、ターゲティングリストを作成し、さらには選択肢や組み合わせも含めた施策の最適化や自動化も行って、各タッチポイントを駆動していく。

　各タッチポイントで実行されたコミュニケーションやサービスの提供結果を、データとして再び蓄積していくことも忘れてはならない。成功した内容はもちろんだが、狙い通りに反応しなかったという結果も、次の施策に

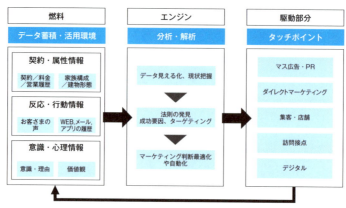

図6-4 マーケティングDX推進サイクル

向けた重要なアウトプットデータとなる。このループを回していくことでスパイラルアップしていく仕組みを作り出していくのだ。

　顧客情報(属性・行動・心理)を燃料に動く分析エンジンと連結した自動化システムで、各タッチポイントでのコミュニケーションやサービス提供を駆動していく。これが、顧客起点でタッチポイントを統合マネジメントしていくイメージだ(**図6-4**)。

3 OMO(Online Merges with Offline)

　データ蓄積や活用環境整備、分析・解析、タッチポイントにおける施策について、準備計画し実行する組織は別々な場合が多い。タッチポイントについてはさらに5大接点ごとに担当組織が分かれるかもしれない。これらの組織はサイロ化され施策も個別最適化しやすく、それぞれの活動が分断とまではいかなくても連携を取るのが難しい場合が多い。

　デジタル接点は他のタッチポイントとの橋渡しや融合を行い、得られたデータを紐づけることでデータ統合や分析の高度化、すなわち顧客理解の深化に貢献する。そして顧客理解の深化は、セグメンテーション・ターゲティング・ポジショニングといった戦略の深化に直結する。このように高度化・深化した戦略をベースとして、リアル系を中心とした打ち手に人工知能(AI)、

自然言語処理（NLP）、マーケティング・オートメーションやメタバースなどのデジタルコミュニケーションツール、センサー技術やモノのインターネット（IoT）等々のデジタル・テクノロジーの力が有機的に加われば、顧客から見たその世界はオンラインとオフラインの明確な差を意識しないほど融合した、いわゆる"OMO（Online Merges with Offline）"の状態となる。

　OMOと似た言葉に、O2O（Online to Offline）やオムニチャネルがある。O2Oとはオンラインからオフラインに送客する手法で、オンラインはオフラインへの送客手段でしかない。代表的な例としては、実店舗で使えるオンラインクーポンの発行などがある。

　オムニチャネルとOMOは似ている概念だが、オムニチャネルはオンラインとオフラインを一連のものとして統合・連携しているものの区別はされており、OMOは深い顧客理解とデジタル・テクノロジーのさらなる進歩により区別することなく融合している状態となる。オムニチャネルは既存にあるチャネルを活用するニュアンスがあるが、OMOは実質ゼロベースでつくり上げないと実現が難しい場合が多い。

　また、視点の違いもある。O2Oとオムニチャネルは自社商材やサービスを顧客にどう販売するかが主軸であり、企業視点による販売戦略としての要素が大きいことが否めない。OMOは商品購入後の対応まで含む顧客体験をより良くするためであり、顧客目線でのCX戦略としての要素が大きい。

　このようなOMOの状態を目指し、組織構造上どちらかといえば個別ごとに走りがちなタッチポイントを、顧客起点で統合する。これがDX時代におけるタッチポイントの方向性であることは間違いない。

　これらを計画・実行していくには、タッチポイント全体をマネジメントする体制や組織、権限や責任などが大きな課題になってくる。様々な社外パートナーや外部リソースを活用することもあり、内製化範囲や人材育成などの課題も出てくるだろう。多くの場合、既存の業務プロセスを大きく変更するため、既存組織との軋轢・抵抗もあるかもしれない。

しかしながら、こうしたデジタルを起点としてマーケティング・プロセス全体のトランスフォーメーション（変革）を実行していくことが、まさにDXだ。すべての課題を一気に解決することは難しい。自組織の現状を踏まえつつ方向性を指し示す長期間通用するコンセプト・構想とともにロードマップを描き、ステップを踏んで課題を一つ一つ解決しながら着実に実現に向けて進んでいく必要がある。

6-3 コミュニケーション

タッチポイントは接点や経路などの"場"のことだが、次はこうした場において情報や役務などの価値を顧客に伝達・提供する"活動"、すなわちコミュニケーションについて紹介する。

コミュニケーションには誤解が付きまとう。なぜなら発信者と受信者は異なる人間だからだ。同じ言葉であったとしても異なる意図や意味で受け取り、異なる解釈をしてしまう可能性を常に秘めている。

こうした誤解は知人や家族とのやり取りの中だけでなく、仕事や業務の中でも発生し得る。発信者の意図が受信者に正確に伝わらないコミュニケーションは、場合によっては重大なトラブルにつながってしまう。よって、ミスコミュニケーションを少なくするために、記録が残るツールの活用、会話する際のルール設定、繰り返しやリマインド、できるだけ数値で伝えるなど、企業や組織は対策を講じることになる。

ミスコミュニケーションは発信者と受信者の認識のずれをネガティブに捉えたものであるが、これをポジティブに活用することもある。例えばブレーンストーミングだ。ブレーンストーミングは複数の参加者が一定のルールのもとでディスカッションし、多様な発想で新しいアイデアや解決策を出していく手法のことで、参加者が異なる価値観を有するがゆえに成り立ち、認識や解釈のずれ、あるいは発想の違いをポジティブに活用して新しい意味や価値を創出する。

コミュニケーションに伴う認識や解釈のずれは、危うさと同時に新たな価値を生む可能性も秘めているのだ。

こうしたことは人と人の対面での会話だけでなく、電話はもちろん、テレビコマーシャル、WEBサイト、電子メール、チラシなどでのコミュニケーションでも同じことがいえる。また、「書く」や「資料作成」といった行為も、それ自体がコミュニケーションの一種である。記憶や経験に基づく知識は過去のものであり、それを現在の自分が書き表すことで、過去と現在の自分がコミュニケーションしているようなものと捉えられる。「書く」という行為を通じてある種の価値や意味が生成する。

認識すべきは、受け手がどう捉えてアクションしたのかがコミュニケーションの価値であるという点だ。逆に言えば、どんなに素晴らしい考えや偉大な発見を頭の中で思いついたとしても、それを他の人に伝えたり書き起こしたりしなければ、あるいは何か行動を起こさなければ、何の価値もない。そして、その行動がまた他の人にコミュニケートする。この繰り返し・相互作用により価値は大きくも、小さくもなるのである。

1 今日的なコミュニケーションモデル

発電所で作った電気を需要家に届けるように、企業が製品や技術などに込めた価値や意味を顧客に伝達する。コミュニケーションというと、このようなイメージを持っている人が電力会社の中には多いのではないだろうか。これは伝統的なコミュニケーションの考え方ではあるが、そのような考え方では本質に迫るような良いコミュニケーションを実行することはできない。

日本のマーケティング界の大重鎮である石井淳蔵は著書の中で以下のように述べている。

> 価値は、使用と伝達の狭間で生成する

※石井淳蔵著『ビジネス・インサイト 創造の知とは何か』(岩波書店)より抜粋

> 　コミュニケーションのプロセスにおいて、何か当初の意図にはなかった新しい現実が創発します。(中略)そして、このプロセス理解は、水道管や空気ダクトのような「たんにモノが流れるだけの管」に擬されがちなマーケティングを含めた商品流通プロセスが、そうではなく、価値を生み出すプロセスであることを示すものです。

※石井淳蔵著『寄り添う力 マーケティングをプラグマティズムの視点から』(碩学舎)より抜粋

　コミュニケーションの価値や意味は"事後的に"使用と伝達の狭間で生成する。製品や技術などにあらかじめすべての価値が内包しているのではなく、伝達する企業と使用する顧客が互いに依存・影響し、共同で価値・意味を創出する。これがコミュニケーションに関する今日的な考え方である。

　図6-5を見ると、顧客は商品やサービスを使用するだけでなく、価値の創出を企業とともに行っていることがわかる。

　伝統的なコミュニケーションの考え方では、技術や製品に内包された価値が100だとすると、顧客に伝わる価値はコミュニケーションロスを考慮して100未満となる。一方で、今日的なコミュニケーションの考え方では、元々企業が認識する100の価値が、顧客との共創により100以上の価値となる可能性を秘めていることになる。

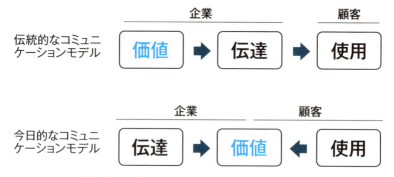

出所:石井淳蔵著『ビジネス・インサイト 創造の知とは何か』(岩波書店)を基に著者作成

図6-5 コミュニケーションモデルの変遷

もう一点、場の雰囲気づくりの重要性について触れておきたい。場の雰囲気が会話の意味や価値に大きな影響を与え、良くも悪くも方向付ける。雰囲気の悪い場での会話は、素晴らしいアイデアや新たな発想が出てこないことはもちろん、その場にいる人たちをネガティブな気持ちにさせてしまう。ブレーンストーミングで相手の意見を否定・批判しないルールが設定されるのは、場の雰囲気を良くするためだ。

　これは企業あるいは商品サービスと顧客との関係性においても同様である。企業ブランドあるいは商品ブランドと顧客の場の雰囲気とは、すなわちブランド・イメージのことである。ブランド・イメージを良い状態にしておくことは、コミュニケーションの意味や価値を方向付けるためにとても大切なことだ。場の雰囲気を作るには単発のコミュニケーションでは難しい。ブランド・イメージの形成も同様だ。継続的な一貫したコミュニケーションにより徐々に作っていくしかないのだが、このあたりの必要性・重要性も電力会社においては過小評価されがちだ。

　顧客との間に好ましい場（雰囲気や空気感、ブランド・イメージ）をいかにつくるかは、当該ブランドに関係するあらゆるコミュニケーションや体験の価値を高めるうえで重要な要素となる。定期的なブランド・イメージの計測と、必要に応じた是正のコミュニケーションを継続して行っていくことが大切だ。

2 顧客ニーズ顕在化の重要性

　TVCM、DM・チラシ、イン・アウトコール、訪問営業なども含めたコミュニケーション全般、すなわちブランドコミュニケーションを実行していくにあたり、単なる伝達ではない優れたコミュニケーションを実施するために大事な点を説明する。

　ブランドの意味や価値にはいくつかの階層があり、顧客が容易に自覚できるものと、そうでないものがある。アーカーによる価値の3分類を再掲する。

	特徴・概要	例	
自己実現的価値	自己表現や自己実現の価値	自分らしくいられる、理想の自分に近づける、自信が持てる etc	家族を守れる頼れる夫・父になれる
情緒的価値	商品の所有・利用がもたらす心理的・感情的な価値	安心感・楽しさ・高級感・格好良さ etc	長時間停電になっても大丈夫で安心
機能的価値	商品の規格・機能・性能が直接的にもたらす価値	早い・長い・安い・簡単・頑丈 etc	○○時間停電になっても電気と水が使える
商品の規格・機能・性能			エコキュートや蓄電池の容量 ○○L、○○KW

図6-6 アーカーによる価値の3分類

この図の下層、商品サービスの規格・機能、あるいはそれらが直接的にもたらす機能的価値については、誰にとっても同じ価値として提供可能で汎用的なため、自覚・認識しやすい。これらの価値は速さ、長さ、安さなど定量化しやすいという特徴を持つ。

逆に、情緒的価値や自己実現的価値は、より深く、個人的なものだ。その人の価値観や思考などに関係するため定性的な価値となることが多い。

例えば、小さな赤ちゃんもいるのに長時間停電になったらどうしようという不安がある顧客に対し、電力会社が勧めるエコキュートや蓄電池を採用することで停電時もいつもと同じように生活できるという期待を訴求して採用に至れば、情緒的な価値としての安心が生まれる。要は、停電の不安がない人にいくら「停電になっても大丈夫」と言っても安心という情緒的価値は生まれないのだ。同様に、「こうなりたい」という願望がない人に自己実現的価値を提供することは難しい。図の例で言えば、長時間の停電という非常事態に備えて大切な家族の日常を守ることができる頼れる夫・父になりたいという願望があること、これが自己実現的価値を生むのだ。

こうしたことの多くは無意識の中から発動していく。先ほどの、長時間停電になったらどうしようという不安、あるいは頼れる夫・父としての役割・願望は、本人が自覚していない無意識の中に潜んでいたり、自覚はあってもかなり漠然・曖昧模糊としていることが多い。これらを表面化・顕在化させ

るのもコミュニケーションの大事な役割の一つとなる。

　このような無意識に潜んでいる不安や願望などを顕在化すること、すなわち顧客のニーズを浮き彫りにすることは、無形で知覚されにくいサービスにとってことさら重要だ。ニーズが顕在化され不安や願望などを自覚するようになれば、それを解決するサービスを知覚しやすくなる（⇒第7章を参照）。

3 その顧客だけの特別な物語

　何度か述べているように、ブランドの意味を創造するのは企業ではなく顧客である。

　マーケターは、様々な方法で間接的に顧客の情緒的あるいは自己実現的な価値観や思考に働きかけることはできる。しかし、顧客のブランドの意味を創造することそれ自体を直接コントロールすることはできない。

　それを考えれば、マーケターは自らが考える正解の全てを伝えきるのではなく、顧客が自分にとっての正解（意味や価値）をひらめくような素材を提供する、そんなコミュニケーションの仕方が必要なのかもしれない。企業として認識している正解を先生が教科書を教えるように伝えるのではなく、顧客が正解をひらめくようヒントを与えるような、あるいは想像力をかきたてるようあえて余白を作るようなコミュニケーションだ。

　これは、その顧客だけの特別な物語を企業と顧客が共創するという非常に魅力的な行為であると同時に、ブランドストーリー作成の最終工程を顧客に委ねる行為でもあり、企業が意図するものと異なる結果を招く可能性もある。状況・目的・リスクの大きさ、あるいはクリエイティブのできによっても異なってくるが、勇気がいる判断となる場合もあるだろう。仮に担当するマーケターが勇気ある判断を行っても、上申過程における権限のある上位者がそれを認めないかもしれない。

　単なる伝達ではない優れたコミュニケーションを行いたいのであれば、「価値は伝えるものではなく、顧客と一緒に創るもの」を忘れてはならない。最後は、価値をともに創っていくパートナーでもある顧客を信じることがポ

イントとなる。信じるには理解が前提だ。徹底的な顧客理解を前提に、出来ることはすべてやり切ったうえで、「ここまでやれば顧客を信じられる」という状態にまで持っていくことができているのか、マーケターにはそれが突き付けられることになる。上位者はそれを見て実行可否を判断することになるだろう。

第6章のポイント

- ●タッチポイントは、それぞれ特徴が異なる5つに分類できる。
- ●長所を活かした最適な組み合わせと、顧客起点での統合マネジメントにより、オンラインとオフラインが融合したOMOの状態を目指すことがDX時代におけるタッチポイントの方向性。
- ●コミュニケーションの価値や意味は使用と伝達の狭間で生成し、顧客の願望やニーズが情緒的・自己実現的価値を生む。
- ●顧客が自分にとっての正解や物語を見つけるようなコミュニケーションが有効。

歴史コラム⑥

マーケティング先進国アメリカとの比較

　小林一三の取り組みは、現代風にいえばサービス・マーケティングの考え方を取り入れた付加的価値（すなわち顧客体験価値）の向上策といえ、しかも顧客の契約内容ごとに出し分ける広告展開を行っている。これを1920〜1930年代に展開していたということになる。

　このころのアメリカは、物財（モノ）マーケティングの初期のころであり、競合企業との差別化を強調した大量のマス広告や販売促進によって、大量生産された自社製品を流通の川上から圧力をかけて売ろうとしていた「高圧的マーケティングの時代」といわれる[1]。1929年からの大恐慌でアメリカ経済が奈落の底に落ちたのをきっかけに、顧客志向を基本とした低圧的マーケティングに徐々に移行していくのだが、もちろんすぐさま転換されたのではなく、コトラーは1960年代までを製品中心のマーケティング、企業視点での大量生産・大量消費の時代といっている（**歴史コラム②を参照**）。

　小林の取り組みはこのころのアメリカの高圧的マーケティングとは一線を画す。アメリカでは巨大に成長した製造業が他社を押しのけて自社製品を売りつけようとしていたのに対し、小林は自社製品（電気）を直接売るのではなく、顧客の生活を豊かにする電気機器を各メーカーと共同してお勧めすることで、結果して自社製品（電気）が売れるようにした。北風と太陽の逸話のような違いだ。

　すでに述べている通り、サービスに関するマーケティングは、物財（モ

ノ）のマーケティングの後から発達する。レビットが「ほとんどの工業製品の中核的価値はサービスによってもたらされる」とし、サービスや顧客リレーションの重要性を訴える当時としては革新的な論文を次々に発表したのが1970～1980年ごろだが、小林は1920～1930年代に顧客との関係性を重視したアフターサービス強化策を展開している。また、アメリカのサービス業での似たような事例としてはスカンジナビア航空の"真実の瞬間"があり（⇒ 7-1 「真実の瞬間」を参照）、現場への権限委譲による迅速できめ細かいサービス提供など類似点があるが、これは1980年代後半のことである。

驚愕すべきことだ。小林が行った一連の施策は、マーケティング先進国アメリカと比べても、なんと50年も早い。

次章7章ではサービスに関する詳細を解説した後、歴史コラム⑦で小林が世界のマーケティングを50年も先取りできた理由について深掘りする。

1) 薄井和夫著『アメリカ・マーケティング史研究 マーケティング管理論の形成基盤』（大月書店）を参考にした。

第7章
サービス(HOW-②)

第7章 サービス(HOW-②)

　サービスとは何かをモノとの対比で考えてみる。例えば、自動車や冷蔵庫などのモノと、鉄道利用やレストランなどのサービスでは何が違うのか。
　自動車や冷蔵庫には形があり、一度手に入れれば壊れるまで何度でも好きな時に使うことができる。
　一方、サービスには形がない。鉄道であれば移動であったり、レストランであれば飲食をしたり、何かの目的を果たして満足を得るが、形あるものが手元に残るわけではない。そしてサービスはその場で生成される。サービスを提供するにあたり必要な場所・道具・スキルなどは事前に用意されているが、サービスのコア部分、鉄道であれば移動、レストランであれば飲食は、その場その場でしか提供できない。よって、サービスの提供を受けようと思ったら、顧客はその提供の場にいなくてはならない。
　サービスは無形であるがゆえにモノと比べて品質を示す手がかりが少なく、少ない手がかりで評価した結果、品質が悪かったからといって返品することは難しい。また、モノなら検品などで品質を一定に保つことができるが、サービスはこれができない。
　だからこそ、顧客と接する一瞬一瞬が大事となる。このようなサービスの特徴を確認しつつ、サービス品質マネジメントについての方向性を解説する。

7-1 真実の瞬間

　サービスに対する顧客の評価は、サービスが生成されたその瞬間に行われるため"真実の瞬間"と呼ばれる。これはサービスの解説書によく出てくる有名な言葉で、1980年代にわずか39歳でスカンジナビア航空(SAS)社長に抜擢されたヤン・カールソンの言葉が発祥だ。顧客と接するわずかな時間

の蓄積で顧客から見た企業の印象が決まり、サービス企業の業績が左右されることを表している。経営の力点を有形資産としての航空機から顧客との関係性という無形資産へと移したのだ。

> 1986年、1,000万人の旅客が、それぞれほぼ5人のSASの従業員に接した。1回の応接時間が平均15秒だった。したがって、1回15秒で、1年間に5,000万回、顧客の脳裏にSASの印象が刻みつけられたことになる。その5,000万回の"真実の瞬間"が、SASの成功を左右する。その瞬間こそ私たちが、SASが最良の選択だったと顧客に納得させなければならないときなのだ。

※ヤン・カールソン著『真実の瞬間』(ダイヤモンド社)より抜粋

ヤン・カールソンの最も代表的な施策は、最前線の従業員に対する裁量権の付与だが、これ以外にも様々な施策を実行し、経営危機に陥っていた同社をたった1年で見事に黒字化し立て直した。

<ヤン・カールソンが行った主な施策>
- 明確でシンプルなビジョンの策定(顧客本位、サービス重視、真実の瞬間の重要性)
- ビジネス旅行客へのフォーカス(エコノミークラスの料金でファーストクラスのサービスが受けられるユーロクラスの新設、ヨーロッパで最も時間を正確に守る航空会社、最新大型機ではなく小回りの利く旧型機の採用、有効だが戦略に適合しないアイデアの排除)
- 社内組織のピラミッド機構解体(最前線の従業員に対する裁量権の付与、経営層と現場の直結、顧客ニーズに応えるために中間層は管理ではなく支援をする)
- 社員との人間味あるコミュニケーション(最初の1年は自身の時間の半分を現場従業員との対話に充てた、ビジョンブックによる簡単明瞭な説明、社長自身の現場重視のシンボリックな言動)
- 評価と報酬(適切なKPI設計と厳密で正確な評価、手紙・プレゼント・パーティーなど感情面も考慮した評価)

この真実の瞬間は時代とともに新しい視点が付与され変化してきている。

真実の瞬間に新たな視点を最初に付加したのはＰ＆ＧのＣＥＯアラン・ラフリーで2005年のことだ。当時のＰ＆Ｇは技術重視で製品が主役。製品開発に資金をつぎ込んだうえでプッシュ型のマス広告を大量に打っていたが、ラフリーは「消費者がボス」であると考え「顧客理解」を経営の原点とし、視点を製品から顧客に移すことを促した。そのうえで2つの真実の瞬間を提唱した。

消費者が最初に接触する店頭こそ購買を左右する大事なプロモーション機会であるとし、これを第1の瞬間、実際に商品ブランドを使用して便益・効能を感じる瞬間がリピート（再購入）の決め手となるとし、これを第2の瞬間とした。それぞれ、First Moment of Truth（FMOT エフモット）、Second Moment of Truth（SMOT エスモット）という。

さらに2006年には同じくＰ＆Ｇのピート・ブラックショウが第3の瞬間を提唱する。一度きりの利用ではなく繰り返し体験することで愛着が生まれ、場合によっては熱狂し、周囲の人にクチコミをするようになる。これをThird Moment of Truth（略してTMOT ティーモット）という。

デジタル時代に突入した2011年、今度はGoogleが新しい真実の瞬間を提唱する。個人でスマホを持つ時代においてはSNSが発達し、店頭やWEBなどで商品を購入する前に、検索エンジンなどでの情報収集によってほぼ購買を決めているという。事実上の勝負は、来店前の情報提供によって決まっているのだ。これをZero Moment of Truth（ZMOT ズィーモット）という。

＜4つの真実の瞬間＞
ZMOT　事前の検索などで商品ブランドを知り購買に影響を与える瞬間
FMOT　店頭等において消費者が商品ブランドに接触する瞬間
SMOT　購入後に実際に商品ブランドを利用して便益・効能を感じる瞬間

> **TMOT** 繰り返し利用・体験することで愛着・熱狂が生まれる瞬間

　FMOT・SMOT・TMOTは、形のある物財を主眼に置いて考え出された考え方ではあるがサービス財にも適用できる。

　ただし、サービス財には形がないため製品での持続的な接触が期待できない点に注意が必要だ。このため、利用前後も含めたコミュニケーションやサービス提供プロセスにおける人やデジタル上でのタッチポイント（5大接点）の重要性が増す。各タッチポイントにおいて顧客はどのような体験をし、どのような感情を抱いたのか、サービスで形がない分これらが物財以上に重要となる点を強調したい。

7-2　サービスの特徴と今日的位置づけ

　サービスの特徴を明らかにしたうえで、電気は物財なのかサービス財なのかを確認する。その後、社会全体がモノを中心とした考え方からサービスを中心としたものに変化しつつある時代の変化について解説する。

1 サービスの4つの特徴

　価値提供という観点において、モノとサービスはどこが違うのか。改めてモノとは異なるサービスの特徴を整理する。

> **＜サービスの特徴＞**
> ✓ **無形性**
> 　モノと違ってサービスは物理的な形を持たないため、在庫がもてず、見たり触ったり、あるいは味わったりすることができない。また、無形の活動であるため不可逆性（起こったことを戻せない）やバラツキ性（品質がその度に異なる）などが生じる。

> ✓ **生産と消費の同時性**
> 対人サービスの場合、顧客はサービス活動が行われるその場に存在していなければならない。つまりサービスの生産と消費は同時に起こる。例えば理容店の顧客は理容サービスを消費しているが、同時に店員はサービスを生産している。ただし、クリーニングや修理など顧客の所有物に対するサービスの場合には、顧客自身がその場にいる必要はない。
>
> ✓ **顧客との共同生産**
> サービス活動は提供者と顧客の相互作用で成り立つ。例えば理容店の顧客はお店が混んでいれば待っていなければならないし、調髪時は店員が作業しやすいようにおとなしく座って協力しなければならない。サービス提供者と顧客が一緒になってその場のサービス品質を作り上げている。
>
> ✓ **結果と過程が等しく重要**
> 顧客は、サービスの結果だけでなくプロセスも体験するため、サービスがもたらす効果は結果と過程の両方が作り出す。例えば、歯医者では虫歯を直すことだけでなく、治療プロセスにおいて痛みが少ないことが重要視される。
>
> 出所：近藤隆雄著『サービス・マーケティング サービス商品の開発と顧客価値の創造』(生産性出版)
> を参考に著者作成

2 電気は物財かサービス財か

　電力事業のコアプロダクトである電気はモノだろうか、それともサービスだろうか。サービスの4つの特徴に照らし合わせて考えてみると、次の通りみごとに4つの特徴に合致しており、電気はサービスであることが確認できる。

　一方で、電気は通常のサービスとは異なる点もある。材料(燃料)を基に工場(発電所)で作られ、流通(送配電設備)に乗って運ばれ顧客に届くという

> **＜電気が有するサービスの特徴＞**
> ✓ **無形性**
> 　電気には形がなく、在庫も持てない。不可逆性（停電をなかったことにはできない）、バラツキ性（厳密には電源構成や周波数は常に変化し、環境面も含めた品質はその都度異なる）などの特徴がある。
>
> ✓ **生産と消費の同時性**
> 　電気は生産と消費が同時だ。そのため、消費量（需要）と発電量（供給）を常にバランスさせる必要がある。このバランスが崩れると周波数が乱れ、最悪の場合大規模停電につながってしまう。
>
> ✓ **顧客との共同生産**
> 　電気は顧客が保有する家電・設備などに流れて初めて効果・効用を発揮する。電気は顧客と共同で価値を生産する。
>
> ✓ **結果と過程が等しく重要**
> 　顧客は電気そのものの品質を確認しづらい。電力供給サービスの全体的な品質の判断を提供プロセス（過程）に求めることになる場合が多い。
>
> ※最後の「結果と過程が等しく重要」が少しわかりにくいかもしれないが、7-3 **1** **2** で改めて詳しく説明する。

点で、これは明らかにモノの特徴だ。このため電気は運搬の途中でかすめ取ることもできてしまう（盗電）。明治時代には、ある需要家が電気を盗んだ事件をきっかけに、電気は物財か単なる現象なのか、窃盗の対象になるのかで大論争となり、当時の最高裁判所での判決を受けて刑法が改正され「電気はこれを財物とみなす」と明文化された事実もある（⇒巻末資料10を参照）。

　電気は、電力会社を一種の製造業として企業目線で生産・流通させる視点で見れば物財として振る舞うが、最終消費時点の顧客目線で見ればサービス財として振る舞うという特殊な財ということになる。

3 サービス・ドミナント・ロジック

　モノ(物財)不足の時代は製品を作れば必ず売れたが、今はそうはいかない。モノだけではなく周辺のサービスが重要視されたり、モノを所有するのではなく商品やサービスを必要な時に特定の期間・一定額で利用することができるサブスク(サブスクリプション)が注目を浴びたり、あるいは単品の機能やサービスだけでなく関連する一連の体験を総体として消費する"コト消費"の重要性が叫ばれたりしている。

　この傾向は業界を問わず広がっており、社会全体的にサービス化が進んでいる。例えば、化粧品はパーソナル肌診断によるカスタマイズなども可能だし、ファーストフードではモバイルオーダーや宅配もできるようになった。自動車もインターネットとつながったサービスが実装されたり、サブスクも選択できるようになったりしている。今後、自動運転技術などが実装されてくればさらにサービスの比重が高まるだろう。

　こうした時代の変化とともに、サービス・ドミナント・ロジック(S-DL)と呼ばれる考え方が出てきた。ドミナント・ロジックは直訳すると「支配的な論理」となるが、モノではなくサービスを中心に据えた考え方となる。2004年にロバート・ラッシュ、スティーブン・バーゴらが出した論文を契機に議論が巻き起こり、日本でも2016年に同氏らの著書「サービス・ドミナント・ロジックの発想と応用」が発売されている。

　従来からあるモノ中心の考え方をグッズ・ドミナント・ロジック(G-DL)として対比させている。G-DLではまずモノありきで、サービスを「モノ以外の何か」と定義しているのに対し、S-DLでは世の中のすべての経済活動をサービスと捉え、モノはサービスを生み出す手段やプロセスとしている。

　G-DLは企業が作り出した"価値を内包するモノ"を顧客に売って所有権を移す(モノとお金を交換する)という考え方をする一方、S-DLではモノを売るのがむしろ始まりで、モノを使用していく中で顧客とともに共同で価値を作り出していくとの考え方をする(図7-1)。

	G-DL（モノ中心の考え方）	S-DL（サービス中心の考え方）
価値創造の担い手	企業（モノづくりを担う企業）	企業と顧客が共同で行う
取引のやり方	取引的（売買関係）	持続的（購買後も関係を継続）
価値の源泉	製品・技術	製品・技術と知識・情報
企業と顧客の関係性	モノを中心に顧客への一方向	企業と顧客の双方向
価値の意味	交換価値	使用価値

出所：伊藤宗彦、髙室裕史編著『1からのサービス経営』（碩学舎）を参考に著者一部修正

図7-1 モノ中心の考え方とサービス中心の考え方

　電力会社の場合、S-DLの考え方は比較的すんなりと理解できるのではないだろうか。電力会社のコアプロダクトはモノではなく電気であり、顧客目線ではサービス財だ。元々サブスク的なサービス提供を行っており、S-DLの説明「電気を売るのがむしろ始まりで、電気を使用していく中で顧客とともに共同で価値を作り出していく」の方が、G-DLの説明よりもしっくりくる。

7-3 サービスの品質

　サービスには対人と対物がある。コアプロダクトとしての電気は一義的には対物サービスだ。電気は直接人には作用せず、家電や各種機器に作用して家族や企業などコミュニティに対して言わば間接的にベネフィット（便益・効用）を提供する。ただし、"商いの品"にするための付加的なサービスは直接的な対人サービスとなる。

　提供されたサービスの品質を最終的に判断するのは、対物であれ対人であれ、人（顧客）である。対物サービスであるコアプロダクトの電気と、対人サービスである付加的サービスの両方で、顧客は電力会社のサービス品質を判断することになる(**図7-2**)。

　コアプロダクトである電気の品質について、企業目線では周波数や電圧でみることが多いが、顧客目線ではどうだろうか。サービス・マーケティングにおける顧客目線でのサービス品質という側面で特徴を確認した後、"商

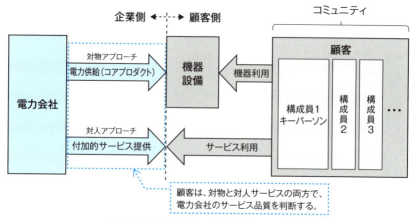

図7-2 電気の対物サービスと対人サービス①

いの品"にするための付加的サービスに関する品質の重要性や、品質マネジメントに向けた視点を解説する。

1 電気のサービス品質

モノであれサービスであれ、その品質を顧客がどう判断するかを基準にすると、「探索品質」「経験品質」「信頼品質」の3つに分類することができる。

> ✓ **探索品質**
> 生活者が製品を購入する前に評価できる品質。例えば、家具や家電は実際に触ることができ、洋服は試着、車は試乗し、宝石などは鑑定書などで事前に品質を評価してから購入することができる。
>
> ✓ **経験品質**
> 製品の購入後に使用・経験してみて評価する品質。レストランでの食事、旅行、理容などは事前の評価は難しい面があるが、購入・体験後にはその品質を評価できる。一般的なサービスの多くは経験品質となる
>
> ✓ **信頼品質**
> 購入後であっても評価が困難、あるいは時間が経過しないと評価が難しい品質。この場合、サービス提供者を信用して購入することが多い。

> 例えば、病院で手術を受ける場合などは、手術後であっても品質の評価は難しく、サービス提供者(病院や執刀医)が信頼できる場合に依頼することになる。
>
> 出所:近藤隆雄著『新版 サービス・マネジメント入門 商品としてのサービスと価値づくり』
> (生産性出版)を参考に著者作成

　電気の品質はどの分類だろうか。周波数や電圧あるいは電気の発電方法(原子力か火力か再生可能エネルギーか)などは例え供給後であっても一般的な顧客はよくわからないのが実態であろう。よって信頼品質にも見える。または、周波数や電圧は一定の範囲内に入っているのが当たり前であり、停電でもしないかぎり、顧客が求める品質は保っている(＝経験後に品質が判明する)といえるので経験品質だという見方もできるかもしれない。

　いずれにせよ大事なのは、電気は品質の事前評価が難しいので、探索品質ではないという点だ。

　一方、電気はついて当たり前であり、一般的な顧客は品質について関心が

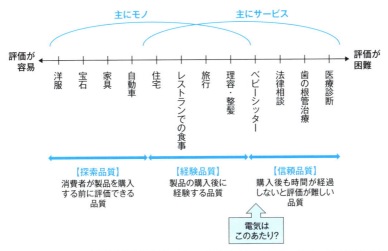

図7-3 モノとサービスの品質評価

ないのが現実だという意見もある。品質が高いとか低いとか、そもそも考えない。実際、電気そのものの品質は電力小売の競合各社で変わらない。

そうかもしれない。

では、事前に評価が難しい場合、あるいは電気そのものの品質には関心がない場合、顧客は何を評価して電力会社を選ぶのであろうか。

2 付加的サービスの重要性

サービス品質の決定要素については、パラスラマン、ザイタルム、ベリーの3人によって生み出されたサービス品質を左右する5項目「SERVQUAL（サーブクオル）モデル」がある。カッコ内の数字はそれぞれの相対的な重要性を示す。

- ✓ **信頼性**(32)：約束されたサービスを正確に実行する能力への信頼感
- ✓ **反応性**(23)：積極的かつ迅速に顧客が求める行動を行う迅速性
- ✓ **確実性**(19)：サービス品質への信頼感と確信を印象付ける礼儀正しさ、知識、技能
- ✓ **共感性**(17)：顧客への共感と、一人の人間としての誠心誠意な対応、配慮、気遣い
- ✓ **有形性**(11)：施設、備品、パンフレット、制服などサービス提供に必要な物的要素

出所：近藤隆雄著『新版 サービス・マネジメント入門 商品としてのサービスと価値づくり』（生産性出版）、C.H.ラブロック、L.ライト著『サービス・マーケティング原理』（白桃書房）を参考に著者作成

※近藤隆雄による日本のファミリーレストランにおけるサービス品質調査（1994年）によると、共感性が信頼性に次いで2番目に高い要素となっている。国・地域あるいは時代などで何を重要視するかが異なることがわかる。

信頼性はサービス体験の後に判断されるのでサービス提供結果の指標となる。事前に評価する際はこれまでの実績に関する自身の経験や他社の評判などをもとに信頼性を評価する。反応・確実・共感はサービス供給過程（プロセス）での従業員の行動・態度・技術あるいは問題への理解能力だ。有形性

はサービス品質を判断する上で手掛かりとなる設備やモノであり、有形性（物的要素）の多くもサービスの供給過程において目にするものであろう。また、パラスラマンらの調査により、顧客はこれらのうち1つの要素だけで評価するのではなく、いくつかの要因により評価を行うことが判明している。

SERVQUALモデルが生み出されたのは1988年であり、サービス提供を人（従業員）が行うことを前提に考えられている点に注意が必要だ。マーケティング5.0の現在においてはデジタル接点など人以外でのサービス供給も多くある点を考慮に入れる必要がある。

このSERVQUALモデルで興味深い点が2つある。1つ目は、5項目の中でもっとも重要なのは信頼性であり、期待通りの結果を出すという基本的なことが最も重視されている点だ。電気事業の場合は、電気の安定供給を中心としたコアサービスの提供結果が信頼性評価の重要要素であり、サービス品質の中心となる。ただし、電力供給の場合は電力小売会社が異なったとしても送配電ネットワークが同一のため、安定供給等の電気そのものの品質で電力小売会社を選ぶことはできない。

2つ目は、他の4項目がサービスの供給過程に関する要素という点だ。本書でいうところの付加的サービスにあたる部分となる。電気の安定供給を前提としつつ、サービス供給過程（含むアフターフォロー）における付加的サービスの質を高めなければ、全体としてよい評価にはつながらないということがわかる。

電力会社の場合、コアプロダクトである電気に接しない人は、電気機器を通じた間接的な接触ではあるが、現代社会においていないと思われる。ただし、電力会社の付加的サービスの接触については、人によってかなり格差・濃淡がある。電気そのものは対物サービスのため、電気の供給が始まってしまえば電話・WEB・訪問要員などに接することなくベネフィットを享受できるからだ。ただし、商いの品トータルで価値を上げて高い評価を得るには、質の高い付加的サービスに多く接するように働きかけることが必要

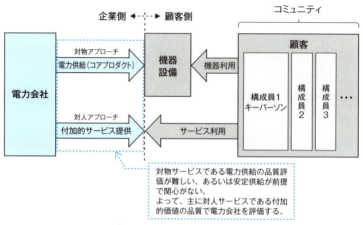

図7-4 電気の対物サービスと対人サービス②

となる。

　なぜなら、顧客から見て電力供給の品質評価が難しい、あるいは安定供給が前提で関心がない場合、主に付加的サービスの品質で電力会社を評価することになるからだ(図7-4)。

3 サービス品質マネジメント

　サービス品質マネジメントに向けた視点として、サービス・クオリティ・ギャップの考え方が有用だ(図7-5)。満足度は期待するサービスと知覚されたサービスの差(ギャップ)によって生じ、顧客が期待するサービスを提供後の知覚サービスが上回れば満足となり、逆に下回れば不満足となる。

　この期待と知覚のギャップは顧客の中で生じるが、その原因はサービス提供者側にあることが多い。サービス提供者側と顧客側で生じ得る6つのギャップについて、それぞれ解説する。

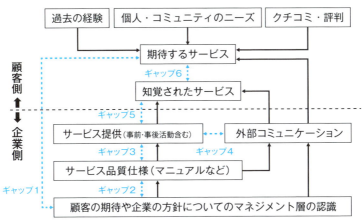

出所:A.Parasuraman et al."A Conceptual Model of Service Quality and Its Implications for Future Research", The Journal of Marketing, Vol.49, No.4 (Autumn, 1985), pp.41-50を基に著者作成

図7-5 サービス・クオリティ・ギャップ

✓ギャップ1：顧客の期待とマネジメント層の認識ギャップ

経営者やサービス品質の仕様を決める立場にあるマネジメント層が、顧客の期待と企業として目指している方向性を理解したうえで、必要なサービス品質を認識しているかどうか。ここにギャップがあるとより良いサービス提供にむけた様々な意思決定や指示、マネジメントができない。

✓ギャップ2：マネジメントの認識とサービス品質仕様とのギャップ

マネジメント層（仕様決定者）が必要と認識したサービス品質が仕様書に的確に反映されているかどうか。マネジメント層が的確に指示しているか、指示通りに仕様書が作れているかの2つの側面がある。仕様書やマニュアルは大抵分厚く複雑だ。どのようにチェックするのかの課題もある。

✓ギャップ3：サービス品質仕様と実際のサービス提供時のギャップ

実際に提供されるサービスは、サービス品質仕様書どおりに提供できているかどうか。デジタル接点の場合は仕様書通りに開発・実装・運用されているかだが、とくにサービス提供者が従業員の場合、個人の資質によりサービスの質が変化する点に注意が必要だ。

> ✓ **ギャップ4：実際のサービス提供と外部コミュニケーションとのギャップ**
> サービス提供と広告などの外部コミュニケーションが一致または連動しているかどうか。顧客の期待値と知覚される品質は、マス広告、デジタルコミュニケーション、ダイレクトメールなど広告活動に影響される。サービス提供内容と不一致があると顧客は混乱し、不満が募る。
>
> ✓ **ギャップ5：実際の提供サービスと知覚されたサービスのギャップ**
> 実際に提供されたサービスを、顧客が知覚しているかどうか。サービスは無形で後に残らないため、とくに付加的サービスの場合は顧客が正確に提供サービスを知覚することが実は難しい。
>
> ✓ **ギャップ6：知覚されたサービスと期待されたサービスとのギャップ**
> 顧客の期待と、顧客が知覚したサービスにギャップがあるかどうか。このギャップが満足あるいは不満足につながる。期待するサービスには属するコミュニティ（家族や企業）のニーズも大きく影響する。

ギャップ5と6について補足する。

ギャップ5に記載した「とくに付加的サービスの場合は顧客が正確に提供サービスを知覚することが実は難しい」についてだが、製造した品としての基本的なサービス（コアプロダクト）については、顧客は一義的にはこれを得るために対価を支払うため意識・知覚しやすい。比較的意識しにくい付加的サービスのなかでも、とくに時間・手間・不安などの価格以外のコストを取り除くサービス提供は、こうしたコストを支払った経験がある人でないと知覚しにくい。例えば、「手間がかかっていない」ことは、過去に「手間がかかった」ことを経験した人でないと知覚しにくい。

ギャップ6は、**図7-6**を使って補足する。商品ＡとＢについて、価格についてはＡの方が安くその分期待値も小さい。品質の高さはＢの方が大きいが、満足度は期待値との差なのでＡは満足、Ｂは不満となり、品質の高さと満足度に逆転現象が起きる。継続購入については、商品Ａは期待できるが、商品Ｂは難しいだろう。1回だけの購入で見れば商品Ｂの方が利益が大きいかも

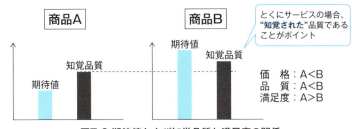

図7-6 期待値および知覚品質と満足度の関係

しれないが、長期および継続購入や他商材のクロスセルも期待できるためLTV（顧客生涯価値）で考えれば商品Aの方が大きくなる可能性が高い。

商品Bは課題が残るので改善が必要だが、方策としては大きく2つの方向がある。期待値の調整と、知覚品質の向上（もしくはその両方）だ。

期待値の調整については、下げすぎるとそもそも購入決定に至らないので注意が必要だが、過度な期待は不満につながる。価格を下げることの他、購入決定後におけるサービス提供時の説明や広告などの外部コミュニケーションによっても調整が可能だ。

知覚品質向上は新たな付加サービスを加える手もあるが、現状知覚されていない付加サービスがあればまずはそれを知覚してもらえるようにすることが先であろう。例えば、いくつかの電力会社が電気メニューに付加している"かけつけサービス"について認知度が低いようであれば、こうしたサービスの安心価値を訴求することで知覚品質を向上することができる。

これらのギャップの把握や対策は一度やれば済む問題ではない。顧客のニーズは常に変化するし、競合企業の動きにも影響される。サービス提供に関わるマネジメント層は、これらのギャップを把握するための調査や検証を定期的に実施する必要がある。

なお、DX推進に不可欠なデザイン思考は、マネジメント層の関与・承認を前程に5つのプロセスに沿って進めていくことで、ギャップ4以外の5つのギャップを最小化することが可能だ。デザイン思考の5つのプロセスのうち、

Step1,2,3がギャップ1,2を埋め、Step4,5がギャップ3,5,6を埋める**(図7-7)**。特にデジタル領域におけるサービス開発時にはデザイン思考をしっかりと取り入れていくことで、ギャップを最小化すべきだ。

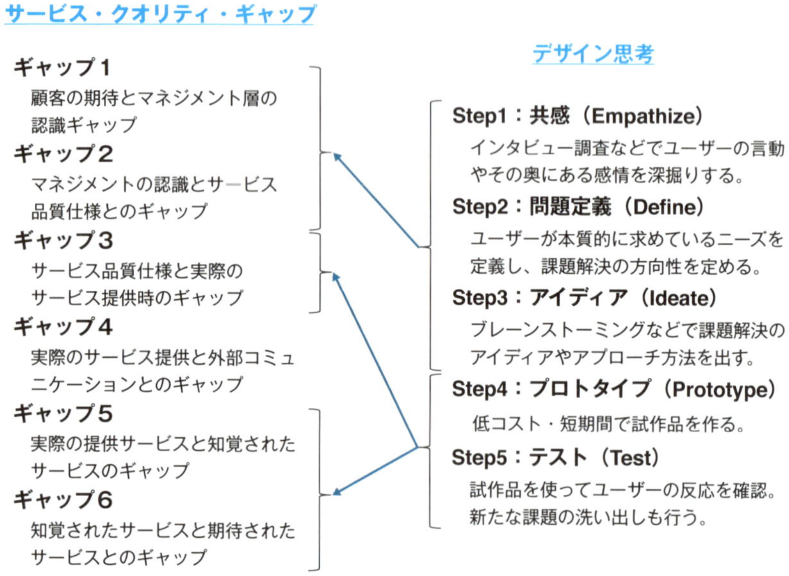

サービス・クオリティ・ギャップ

ギャップ1
　顧客の期待とマネジメント層の認識ギャップ
ギャップ2
　マネジメントの認識とサービス品質仕様とのギャップ
ギャップ3
　サービス品質仕様と実際のサービス提供時のギャップ
ギャップ4
　実際のサービス提供と外部コミュニケーションとのギャップ
ギャップ5
　実際の提供サービスと知覚されたサービスのギャップ
ギャップ6
　知覚されたサービスと期待されたサービスとのギャップ

デザイン思考

Step1：共感（Empathize）
　インタビュー調査などでユーザーの言動やその奥にある感情を深掘りする。
Step2：問題定義（Define）
　ユーザーが本質的に求めているニーズを定義し、課題解決の方向性を定める。
Step3：アイディア（Ideate）
　ブレーンストーミングなどで課題解決のアイディアやアプローチ方法を出す。
Step4：プロトタイプ（Prototype）
　低コスト・短期間で試作品を作る。
Step5：テスト（Test）
　試作品を使ってユーザーの反応を確認。新たな課題の洗い出しも行う。

図7-7 デザイン思考によるサービス品質ギャップの解消

第7章のポイント

- サービスには「①無形性」「②生産と消費の同時性」「③顧客との共同生産」「④結果と過程が等しく重要」という特徴がある。
- 電気は、製造業としての企業目線で見れば物財として振る舞うが、最終消費の顧客目線でみるとサービス財として振る舞う特殊な財。
- 電力会社の品質は電気の安定供給と付加的サービスの質によって評価され、サービス品質マネジメントには、サービス・クオリティ・ギャップの考え方が役立つ。

歴史コラム⑦

電気事業の特殊性

　小林一三の電力マーケティングが世界のマーケティングを50年も先取りできた理由は大きく2つある。電気事業の特殊性と小林一三の異能だ。まず電気事業の特殊性について紹介する。

　電気は製造（発電）・流通（送配電）では物財として、最終消費の断面ではサービス財として振る舞う（⇒ 7-2 2 「電気は物財かサービス財か」を参照）。とくに製造・流通に着目してみると、電気は生産即消費のため完璧なジャストインタイムで生産され、流通面についても商材を必要な量を必要な時に運搬する。その分、インフラ構築や維持のコスト、あるいはリスクも巨大ではあるのだが、必要な量を必要な時に製造・運搬するという点だけを取れば、他の製造業にはないほぼ完璧な仕組みといえる。

　ここでマーケティングが発祥したときのアメリカにおける各産業の状況を思い出して欲しい。「marketing」という用語ができる前の1800年代の終わり頃、大量生産能力を手に入れた巨大製造業が、自社製品を直接売りさばくために、その資力をもって流通へと介入し自社営業網を構築するという垂直的な市場掌握活動が行われるようになった。シンプルにまとめれば、「製造業が、自社製品を売るために、流通網を構築して垂直統合しようとした」、これがマーケティングのはじまりなのだが、電気事業の場合は発祥のタイミングですでに「電力会社は、電気を売るために、送配電網を構築して垂直統合していた」のだ。

やや歪な形ではあるものの、マーケティング発祥当時にアメリカの製造業が目指した完璧な姿が、電気事業の場合ほぼ出来上がった状態でスタートしていたということになる。
　電気事業が、物財とサービス財の両方の特性を持った電気という商材を扱う特殊な事業であること。これが世界のマーケティングを50年も先取りできた理由の1つ目だ。

　その後、アメリカの製造業による物財（モノ）マーケティングが60～70年かけてサービスの重要性について徐々に気づき、レビットがサービスや顧客リレーションの重要性を訴える当時としては革新的な論文を次々に発表したのが1970～1980年。
　小林一三が東京電燈取締役になるのが1927年。アメリカがサービスの重要性に気付く50年前、マーケティングが生まれる条件を満たした電気事業に、異能とも言えるサービスのスペシャリストがやってきたのだ。

　2つ目の理由"小林一三の異能"については次章の歴史コラム⑧にて解説する。

第8章
感動まで行き着くには
(HOW-③)

第8章 感動まで行き着くには（HOW-③）

　ディズニーランドやリッツ・カールトンホテルなどのエンターテインメントやホスピタリティ産業で、口コミが広がるような感動するサービス提供の話を聞くことがある。これらのエクセレント・カンパニーには及ばないかもしれないが、電力会社においてもこうした事例はある。例えば、お客さま要請に基づく屋内配線不備による停電対応時に、分電盤や照明を丁寧に掃除して帰るなどの対応で、感動のお手紙をいただくケースを聞く。

　こうしたお褒めの言葉は同じ電力会社従業員として大変誇らしいものであるが、現状においては、臨機応変な接遇対応を含む従業員個人のパフォーマンスの高さに頼っている感が否めない。このような感動サービスをもっと組織的に量産し、他の領域にも展開することはできないだろうか。

　電力会社が組織として提供するサービス機能が、感動の域にまで達することが可能なのか、その可能性について探ってみよう。

8-1　不満をなくすサービスと感動を得るサービス

　不満をなくすことは重要だ。とくに顧客が重要視するサービス内容に関する不満は失注・解約に直結してしまう。また、SNSを含めた口コミは不満や苦情などネガティブな情報の方が伝わりやすい。苦情対応や日々のオペレーション改善を通じて地道な改善を行っていかなければならない。

　ただし、不満をなくしただけでは、いわばマイナスをゼロにした状態であり、感動には行き着かない。不満をなくすことと、感動を得ることは異なるアプローチが必要となってくる。

　企業によって提供されるサービスは、あって当然だと認識されている本質的な機能（一次的機能）と、それ以外の表層的な機能（二次的機能）から構

成されている。例えば、人間ドックにおける一次的機能と二次的機能は以下の通りとなる。

> **＜人間ドックにおける一次的機能と二次的機能例＞**
> ✓ **一次的(本質)機能**：検査・診察・診断など
> ✓ **二次的(表層)機能**：待合室環境、送迎サービス、病院レストランの味や眺望など

一次的機能は当然あるべきものと認識されている本質的な機能なので、ある一定の水準を下回ると強く不満を感じるが、充実度を高めてもそれほど満足度は高まらない。一方、本来的にはなくてもよい二次的な機能については、多少低い水準であっても不満とはなりにくく、充実度に対して高い水準まで満足度が上がる傾向にある(**図8-1**)。

一次的(本質)機能については全てについて平均的に底上げが必要であり、日々のオペレーションの改善など、日常業務の的確実施と恒常的な改善努力によって不備を解消し、主に不満足を無くす(マイナスをゼロにする)ことに注力する必要がある。

二次的(表層)機能については、1つないしいくつかに焦点をあて、重点思

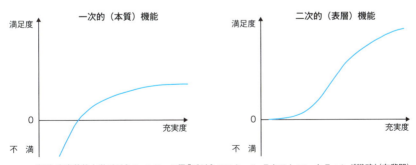

出所：慶應義塾大学ビジネス・スクール編『ビジネススクール・テキスト マーケティング戦略』(有斐閣)

図8-1 サービス充実度と満足度の関係

考で考えていくことが重要だ。自社にとって優先順位の高い顧客に対して徹底的にサービスを提供するなど、特定の領域を選択して経営資源を集中投入する戦略的対応が必要となる。感動を得ることができるとするならば、この二次的(表層)機能の方だ。

8-2 二次的(表層)機能の戦略的リソース投入

　古い話になるが、2001年頃に筆者が属する組織の長が何かのあいさつの中で電力事業を次の4階層に分け、それぞれの重要性を説いたことがある。

> ✓ **第一層**：安定供給(設備の建設、保守・保全など)
> ✓ **第二層**：日常のルーティン業務(検針、料金、設備の巡視・運転など)
> ✓ **第三層**：お客さま要請に基づくサービス(電柱移設、臨時電灯、問い合わせ対応など)
> ✓ **第四層**：当社から打って出るサービス(法人ソリューション、オール電化提案など)
>
> ※当時、電力事業は公共性が強い設備産業であるとの見方が強かった中、コアプロダクトである電力供給の重要性は揺るぎないものであることを前提に、サービス産業としての目線で付加的サービスの重要性も同時に示した優れた切り口であったと思う。

　この4層構造を使ってコアプロダクトと付加的サービスの位置づけ、一次的(本質)機能と二次的(表層)機能の関係性を構造的に捉えた概念図が**図8-2**である。

　この図の特徴的な点は、一次的(本質)機能が横に置かれているのに対し、二次的(機能)が縦に置かれているところだ。

　一次的(本質)機能が損なわれると直ちに不満足が発生する。よって、すべての一次的(本質)機能について底上げが必要となるが、大きな満足を得ることはこの領域では難しく、感動の域に達することは期待できない。巨大な設備産業でもある電力事業は、この領域が実に広く大きい。

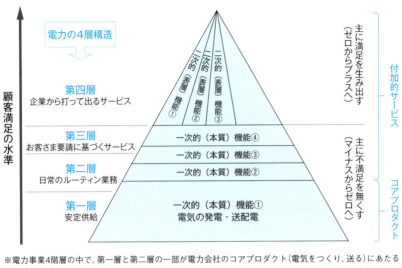

※電力事業4階層の中で、第一層と第二層の一部が電力会社のコアプロダクト(電気をつくり、送る)にあたる部分であるが、この部分では競合企業との差別化が難しい。第二層の一部および第三・四層が付加的サービスにあたる。この付加的サービス部分はさらに、顧客が電力会社のサービスとして当然あるべきものと認識している一次的(本質)機能と、認識していない二次的(表層)機能の2つに分類できる。これらの関係を書籍『ビジネススクール・テキスト マーケティング戦略』に出てくる「顧客満足の構造(二次的機能の持つ機能代償性)」の図(P186)にあてはめて表している。

出所：慶應義塾大学ビジネス・スクール編『ビジネススクール・テキスト マーケティング戦略』(有斐閣)を基に著者作成

図8-2 電力の4階層と顧客満足の構造

　逆に、二次的(表層)機能はなくても不満は発生しにくい。しかも充実度に対して高い水準まで飽和することなく満足度が上昇する傾向にあるため、感動の域まで達することが可能だ。ただし、この二次的(表層)機能は無限の選択肢・広さを持っているといってよい。ゆえに、特色を出すことに意味がある。無限の広さを持つ二次的(表層)機能のすべてを充実させることは有限な経営資源を考慮すれば不可能だし、無くても不満にはならないのだから「選択と集中」が必要不可欠である。経営幹部の戦略的意思決定、リーダーシップの腕の見せどころだといえる。自社のサービスを顧みて、最もふさわしいアプローチを検討しなければならない。

8-3 感動とAIと心

　デジタル技術の進化は目覚ましくAIもかなり進化している。AIとシステムの組み合わせだけで人を感動させるサービスやコミュニケーションの提供は可能なのかを考えてみる。

　AIは1950年代に誕生して以降いくつかのブームを経たが、機械学習やディープラーニングが登場し、AIが自ら学習・推測できるようになった現代、様々なビジネスシーンでの活用が進んでいる。こうしたAIやシステムが得意とする大量データの処理や分析結果をもとにした施策実行だけでなく、その結果のフィードバックまでもが自動化され、AI自らが学習してさらに精度を高めていくループが実現できたとしよう。果たしてその先に"感動"はあるだろうか？

　2023年はOpenAI社のChatGPTに代表される生成系AIが大きく飛躍した年となった。ChatGPTは対話型の生成系AIで、様々な問いや指定に対し的確に回答・対応してオリジナルの文章を自然な言語で返してくる。条件や指示の出し方次第では、人間がつくるものと遜色ない小説や詩などのクリエイティブ作品の作成も可能だ。かなりのレベルの絵画や音楽までつくり出す生成系AIも存在する。

　一見、生成系AIが一定の創造性を発揮しているように見えるが、実際には過去に人間が生み出した創作データを学習している。つまり、人の創造性を模倣もしくは再利用しているのだ。生成系AIに著作権に関する法的課題が残る所以だ。

　そもそも生成系AIは、現状ではそのすべての工程をAIだけで処理していくことが難しく、目的を定め指示を出すことと最後の推敲や仕上げは人が行う必要がある。最後のチェックや推敲などの確認作業については、認識系AIやルールを学習させたAIの活用により自動化が可能のため、そのチェック対象の種類、求められる品質、倫理も含めた社会的影響なども考慮したうえで自動化することは領域によっては可能かもしれない。

しかしながら目的をつくり出すことはできない。人がつくった目的に沿った形で探索し課題を見つけタスク化する（大きな目的に沿って小さな目的を見つけ出す）ことは可能だが、最初の目的そのものをつくり出すことはできない。人間が与えるのではなく自然発生的に目的を生み出すことができるのか、これはAIが好奇心や積極性を持てるのか、さらには心・意識・自我を持てるのかというSF映画に出てくるような議論につながる。

少々紛らわしいが、"記録"と"記憶"は別だ。"記憶"とは"記録"を編集したものである。心を使って記録（データ）を編集する力、編集された"記憶"に何らかの物語や意味を見いだす力、この想像力・創造力こそがAIにはない人間の素晴らしさだ。

感動は、データを積み上げただけではたどり着かず、その上に立って想像力・創造力を使ってジャンプしたその先に生まれるのではないかと考えている。そのジャンプは目的を生み出すことと同種の営みだ。だとすると、偶然の産物はありえるかもしれないが、AIだけで意図して感動を生み出すことはやはり難しいと言わざるを得ない。AIが心を持つようになれば話は別だが、仮に実現するにしてもそれは相当先の未来だろう。

8-4 最後の一手は"人"

記録があって記憶が生まれる。無から創造性やひらめきは生まれない。過去のアーカイブがあるからこそ、それらをつなぎ合わせ、編集し、場合によってはそこに独創的な発見や新たな意味（それを価値といってもいいかもしれない）を見いだす。

AIだけでは感動にたどり着くことは難しいが、過去のアーカイブづくりにAIやシステムは有効だろう。大量のデータを正確に蓄積し、必要に応じて大量に処理し、分析結果を素早く出すことについては、人間はAIやシステムに勝てない。

すでに述べた通り、デジタル接点は活用範囲が広く他のタッチポイントとの橋渡しや融合を行い、組織構造上どちらかといえば個々に走りがちなタッチポイントを顧客起点で統合する。できれば、顧客から見たときにオンラインとオフラインの明確な差を意識しないほど融合した、いわゆる"OMO (Online Merges with Offline)"の状態にまで持っていく。これがDX時代のタッチポイントマネジメントの方向性だ(⇒ 6-2 「タッチポイント」を参照)。

この方向性に進むことは間違いないのだが、顧客の期待を超えて感動を与えるような体験の最後の一手は、やはり"人"がもたらすと考えていいだろう。積み上げられた過去のデータだけでなく、目の前の顧客の表情やしぐさ、話す言葉の意味、それらの後ろにある本音、あるいは顧客自身も気づいていない潜在的なニーズなどを察し、顧客に共感したうえで想像力を持って対応することができるとしたら、それはやはり人間だ。

一方で、感動をもたらすような素晴らしい対応をする人材は極めて貴重であり、対応できる数には限りがある。だからこそ、人でなくてもできる箇所は、人以外が対処しなければならない。

戦略的リソース配分により絞り込んだ領域において、5大接点(マス広告・PR、ダイレクトマーケティング、集客・店舗、訪問接点、デジタル)それぞれが長所を活かして連携し、バトンを受け取った"人"の最後の一手で感動を生む。顧客一人一人に発番されたIDによるシングルソースデータ化により、バトンを受け取った人は各タッチポイントにおける当該顧客の振る舞いやニーズをわかった状態で、場合によっては他のデータと組み合わせて傾向や予測なども見たうえで、今接している顧客の話の文脈や感情などを踏まえて最後の一手を打つ。

電力会社が組織として提供するサービス機能が、感動の域にまで達するとするならば、このような形ではないだろうか。

第8章 感動まで行き着くには（HOW-③）

第8章のポイント

- 一次的機能は不満をなくすために全体的な底上げが必要であり、二次的機能は感動を得るために重点思考が必要。
- 戦略的リソース配分と各タッチポイントの連携により最後のバトンを受け取った人による共感と想像（創造）の最後の一手が感動を生む。

歴史コラム⑧

小林一三の異能

　最後のコラムでは、希代の電力マーケター小林一三の異能を紹介する。

① 新時代を見据えたターゲティング
　小林が常に見据えているのは、今そこにいる特権階級・金持ちではなく、将来豊かな生活を手に入れるはずの大衆だ[1]。小林の思想の背景には常に家族や地域社会があり、そこに働きかける企業や事業があった。時代とともにこれらコミュニティのあり方・人口動態などがどう変化していくかを先読みし、事業を次々に立ち上げ成功させていったのだ。

② サービス業のスペシャリスト（モノではなくコト重視）
　小林が創設し成功させてきた事業は、ほとんどがサービス業だ[2]。不動産（宅地開発や住宅販売）や小売（百貨店）もあるが、中核的価値はサービスであり、モノ（物財）はサービスを生み出す手段やプロセスとしてみている[3]。コトの重要性を今から約100年も前に認識していたということだ。

③ 未来を予見し大衆と共創する
　小林は、近代的核家族が住まう地と職場との移動手段のみならず、買い物やレジャーまで含めた地域社会全体をつくり上げようとしていた。その地域社会は、単なる物質的な充足のみならず、新しい体験や価値基準をつくり上げることになる。そして、体験や価値基準は、企業からの一方通行でつくることはできず、必ず顧客とともにつくり上げていく。未来の大衆心理を予見し、大衆とともに未来を共創していったのだ。

　小林はこれらを思想や理論として語るだけではなく、実業家として事業を起こし・立て直し・成功させている。こうした実務能力も含めたサービスマーケターとしての才能と経営手腕は、まさに異能といえる。

1939年の日本発送電設立と1942年の9配電会社統合に至るまでの小林が活躍した1920〜1930年代は、日本の電力業界とマーケティング業界の両方にとって注目すべき年代だ。物財とサービス財の両方の特性を有する特殊な財である電気を扱う会社（＝電力会社）が、生産即消費を実現するほぼ完璧な生産・流通システムを構築していた。そして、大口電力においては五大電力による「電力戦」と呼ばれる激しい競争を行いながら、電灯・小口については「三電競争」と呼ばれる過当競争が収束して自社既存顧客へのサービス充実に目が向けられ、他熱源転換や電気機器販売などの電気需要拡大や解約抑止に向けた顧客価値向上の活動（＝LTV向上活動）が展開されていた。すなわち、サービス・マーケティングが生まれる条件が整った状態で、電力業界に希代のサービスマーケター小林一三がおり、競合各社との競争状態が保たれながらも、組織としての集団意識が競合企業よりも顧客により強く向いていたのだ。

　まさにこの時、現代においても通用する"電力マーケティングの本質"が形成されていったのだが、これについては次の終章にて本書の意図とともに解説しよう。

---

1) 箕面有馬（みのおありま）電気軌道（後の阪急電鉄）の宅地開発のときは、夢と学歴と将来性があり上昇志向を持ってはいるが今現在は資金のない階級をターゲットにしていた。それまでの温泉といえば羽目をはずしたい男性客が中心であったが、宝塚少女歌劇団を有する宝塚新温泉のターゲットは女性（母親）と子供がメインターゲットで、これに加えて男性（父親）という近代的核家族をターゲットとした。第一ホテルは狭いながらも設備は充実させつつ廉価な料金とし大衆のビジネスマンをターゲットに、東宝は家族連れで遊べる朗らかな近代的娯楽の提供を目指した。
2) 例外は、余剰電力が経営課題となっていた東京電燈の時代に大量の電力を消費する事業として起こした昭和電工と日本軽金属。
3) すなわち"サービス・ドミナント・ロジック"の考え方である。例えば、箕面有馬軌道の開通に際して行った分譲住宅販売では、土地や住宅（モノ）を売るというよりは、風光明媚で健康的、しかも通勤が楽で田園趣味も楽しめる生活（コト）を売っている。阪急百貨店上層階にある食堂は、清潔・安価・美味に「眺望」も加わり、大評判だったという。素晴らしい景色を見ながら食べる食事は、単なる食事というよりは体験の提供だ。

終章 本書の意図と電力マーケティングの本質

終章 本書の意図と電力マーケティングの本質

　本書には2つの意図がある。一つは電力会社へのマーケティング浸透を促すこと。もう一つは電力マーケティングの本質を明らかにし、そこに未来の種を見いだすことだ。

　まずはこれらの前提となる電力会社にマーケティングが浸透しにくい理由から触れていく。

1 電力会社にマーケティングが浸透しない理由

　これまで解説した通り、マーケティングは企業活動の根幹のひとつであり、あらゆるビジネス機能の中で最も顧客と関わる部分が大きい。電力会社が"顧客志向"での事業推進や事業構造の変革を目指すのであれば、それはすなわち会社をマーケティング志向にするということだ。

　電力会社の事業構造でみれば顧客接点を担う小売事業者がマーケティングを真っ先に取り入れ機能させなければならないが、その範囲を小売事業者のみに止めていてはいけない。まずは小売事業者が自らをマーケティング志向にしたうえで、送配電や発電事業を含めた電気事業全体にこれを浸透させていかなければならない。

　なぜ電力会社にマーケティングが浸透しないのか。東京電力に関して言えば、マーケティングの社内浸透を目指してもそれを達成できない筆者の能力不足が大きな要因の一つであることは間違いないのだが、それ以外の理由について考えてみる。マーケティングの芽が出にくい（発生しにくい）理由と、芽が出たとしても育ちにくい（発展しにくい）理由に分けて記述する。

① マーケティングの芽が出にくい理由

　歴史を確認すると、マーケティングの発生は良いものを大量に作りそれを売ろうとする行為を経て、製造と販売が直結したその先にあることがわ

かる。競争環境下にあることを前提に良いものを作り・売り・届ける、この熱が高まった先にマーケティングがあるのだ(⇒歴史コラム③参照)。

　日本の電気事業でも黎明期(とくに小林一三がいた時代)にはこの熱が高く、マーケティング先進国アメリカを50年も先取りする施策を実行している(⇒歴史コラム⑤⑥参照)。しかしながら1939年以降、電気事業が国家管理の時代に突入したことでマーケティングの萌芽が摘み取られてしまう。これ以降、電力会社においては長らくマーケティングが芽吹くことはない[1]。

　なぜ長らく芽が出なかったのか。それは、電気そのものの商材としての価値の高さに加えて、地域独占・総括原価という非常にいびつながらも絶対に儲かる仕組みがあったためだ。これにより「売る」という熱が高まらなかった。市場ニーズというよりは国策として"作る(発電)"や"届ける(送配電)"ための機能・能力は高まっていったのだが、"売る"については高まらなかった。その理由は極めてシンプルだ。売る必要がなかったのだ。電気の商材としての価値の高さと地域独占・総括原価により、"販売・営業"というよりは的確な"受付"と安定的な"供給"が大事であった。自由化前の電力会社で"営業"といえば、電気使用の申込や料金の受付機能のことを示していたことがまさに象徴的だ。

　このようなことから、自由化前の電力会社における各ステークホルダーの位置づけや関心の度合いは、一般的な自由競争企業と比べて市場や顧客に対する意識は相対的に低く、国や監督官庁への意識は逆に強かった。顧客に売り込む必要がなく、国が制度や規制をつくり許認可を出すのであるから当然だ。こうなると、国が決めた制度や規制をきちんと守ることが重要となるので業界や社内のルール・マニュアルが重要視され、電力会社の従

---

[1] 1950年代以降、日本生産性本部のアメリカ視察をきっかけに日本にもマーケティングが徐々に浸透していくが、電力マーケティングの種から芽が再び出るのは、2000年から段階的に広まっていった電力自由化以降だ。先進国アメリカを50年も先取りしていた電力のマーケティングは、後進国日本の中でも約50年も遅れたことになる。

業員は顧客よりも上司や経営者をより強く意識し、社内都合を優先しがちになる。こうした組織にマーケティングは芽生えない。

② マーケティングが育ちにくい理由

2000年の部分自由化以降、販売を重視する機運が着実に高まり、マーケティングの芽が出る条件が整った。例えば、東京電力において2004年から始まった家庭用分野におけるSwitch!キャンペーンは電力マーケティングの萌芽としてのよい例だ。

> 用語解説

> ✓ **Switch!キャンペーン**
> 〜2004年から2011年まで東京電力が実施したオール電化住宅普及キャンペーン〜
> エコキュートを機器メーカーと共同開発し、IHクッキングヒーターと合わせて採用いただくことで、ガスから電気への熱源転換活動を強化。TVCMを中心としたマス広告による圧倒的な露出とハウスメーカーなどへのサブユーザー営業の両軸を基本とした活動を展開。スタート当初は新築がターゲットであったが、徐々にリフォーム需要獲得も強化。Switch!ステーションと呼ばれるショールーム店舗を各エリアに建設。また、「Switch! the design project」と呼ばれるデザイン家電開発プロジェクトにより、本棚にしまえるコンパクトIH、磨きたくなるデザインエコキュートなどを開発した。「Switch!」は単なるキャンペーン名称ではなく、機能的・情緒的・自己実現的価値の総体としてのブランドとして扱われて管理・計測・育成も行われた。ただし、2011年の東日本大震災と原子力発電所の事故により活動停止となる。
> なお、一連のSwitch!の取り組みを図4-6(⇒ 4-5 「価値向上の3つの領域」を参照)にあてはめると、電力マーケティングの価値向上領域BとCにおいて価値向上を行っていることがわかる。

東京電力以外の旧一電においても販売が強化されマーケティングの芽は出ているはずであるが、一般消費財メーカーを中心とした他業界のようにはマーケティングが発展していかない。それは、電力マーケティングが他の一般的なマーケティングと異なる3つの特徴を有しており、他業界で発達した一般的なマーケティングをそのまま適用することが難しかったためで

ある。

> **＜電力マーケティングの特徴（再掲）＞**
> ・ターゲットはコミュニティ
> ・電気は特殊なサービス財
> ・顧客体験が重要視される
> （⇒ 1-3 「電力マーケティングの特徴」参照）

　これらを踏まえて電力会社用にマーケティングをカスタマイズした点が本書の最大の特徴だ。各章にてそれぞれの特徴を紐解きながら解説してきた。これらの特徴に対応したマーケティングの方向性を指し示すことで電力会社へのマーケティング浸透を促す。これが本書の1つ目の意図である。

2 本質と未来

　もう一つの意図が電力マーケティングの「本質」を明らかにし「未来」の種を見いだすことだ。

　「未来」を見いだすために、過去と現在を示す。この2点をつないだ先に未来があるはずだ。過去とは、電気事業やマーケティングの歴史、今でも通用する伝統的なビジネスフレームワーク、考え方などである。これに加え現在における電力マーケティングの最新状況を示すことで、未来を想像（創造）する。

　第1～8章の時間軸は基本的に現在となるが、昔からあるマーケティングの王道ともいえる往年の考え方やフレームワークを多用している。もちろん、現代の電力マーケティングにおいても通用するもののみを厳選した。同時に、最新の状況もキャッチアップしている。その代表的なものがマーケティングのDX化である。近年のマーケティングはデジタル技術の進歩により大きく変貌しつつある。本書ではこの最新の分野でポイントとなる点を可能な限り取り込んだ。

また、第1〜8章のそれぞれ最後に挿入した歴史コラムは過去となる。エジソンによる電気の発明以降発展していった我が国の電力会社の黎明期の状況、世界のマーケティング発展の歴史、電力マーケティングにおける歴史上のキーパーソン・小林一三の紹介などを行った。

　より難しいのが「本質」の方なのだが、基本と言われるものの中に本質が宿っていると考えている。

　本書では、考え方やフレームワークについて伝統的なものと最新のものを意識して両方用いるようにした。激動の時代において幾度もあった環境変化を乗り越えて今でも通用するものは何かを見極めたいからだ。大きな変化がありながら、その後も存続・発展している場合、それが人でも組織でもスキルやノウハウでも、必ずそこには変化していない何かがあるはずだ。その変わらないものがあったから大きな変化に挑めたのかもしれないし、否応なしに大きな変化に見舞われて結果として変わらないものを見つける場合もあるかもしれない。

　いずれにせよ、その変わらないものこそが実は本質で、とても大事なのだ。矛盾することを言うようだが、イノベーションはこの変わらないものを見つけるために起こすもの、とさえ思える。変わらないものを見つけるため

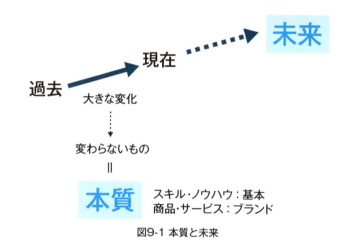

図9-1 本質と未来

に変える、ということだ。

　スキルやノウハウの場合、それを基本という。商品やサービスあるいは企業の場合、それはブランドとなる。本書ではこれを重視し、できるだけマーケティングの本質や基本を押さえようとしている。

　未来の種は、この本質の中に宿っているはずだ。本質をベースとして、これを強化・補強しドライブをかけるように最新の考え方やテクノロジーが使われているのであれば、それこそが未来となり得る。本質が本質として生き残っていくには、それぞれの時代に即して常に目新しいものを貪欲に取り入れていく必要があるのだ。そのようにしてはじめて今を生き抜くことができ、次の時代に本質を受け継ぐことができる。

　逆に、本質がない最新の考え方やテクノロジーは単なるバズワードであり、未来を創るどころか邪魔をするノイズとなる。

　人であれ企業であれ、それぞれによって何が本質かは異なる。ただし、商売の本質は顧客への価値提供（あるいは価値の共創）にこだわり抜くことであり、答えはその先にあるはずだ。顧客価値にこだわり抜くという商売の本質、これを体系化したものがマーケティングなのだ。

3 電燈従業員心得

　本質は、大きな変化がありながらも変わらないものの中にある。それがよくわかる文献を紹介したい。1929年（昭和4年）に発行された「電燈従業員心得」だ。これは東京市電気局の小川栄次郎が電気局職員向けに書いたものを、一般向けに手を入れたうえで電気協会会報誌に掲載したものである。その後、小冊子にされて当時10銭で販売されていた。その全文を**巻末資料11**として巻末に付したので参照いただきたい。これのどこに本質が書かれているかを説明する前に、この心得がどういうものなのかを紹介する。

　東京市電気局、東京電燈、日本電灯の3者は、1917年あたりまで電灯や小口動力需要家の激しい獲得競争「三電競争」を行っていたが、これが収まっ

て以降は市場を3者ですみ分けていた(⇒巻末資料2)。よって「電燈従業員心得」が発行された1929年時点では、東京市電気局は東京電燈から見て市場をすみ分ける同業だ。またこの1929年というタイミングは、1927年に小林が東京電燈取締役に就任し「営業拠点の拡充と権限委譲」「電気器具販売やアフターサービス」「顧客の契約ごとに出し分ける広告展開」などのサービスやコミュニケーションに関連する改革を次々に行っていた時期に重なる。電気協会が発行に絡んでいることも含め、著者の小川は小林の東京電燈改革のことは当然わかっていただろう。このころ巷にあったという「電灯会社横暴」の声に対応すべく、業界全体として顧客サービス向上の機運を盛り上げようとした可能性が高い。これは筆者の推測だが、小林が「電燈従業員心得」発行に一枚かんでいたのではないかとさえ思える。

この電燈従業員心得の第一章「電燈事業は如何なる事業か」の第一項は以下の文章で始まる(読みやすくなるよう、一部現代用語に修正した)。

> 電燈事業(厳密に言えば電気供給事業)はいかなる事業かについては色々の見方があるが、現にこの事業に従事している我々の立場からするとこの事業は電気(ある場合には光)という日用品を商う商売である、と見ることが最も適当であり、また極めて大切なことなのである。この様に見れば、我々の事務所はこの店舗であり、我々はこの番頭、丁稚等の店員であり、需用家はお得意様に他ならぬのである。又
> 　　　良い品を安く
> 　　　勘定書は正確でかつ遅れない様に
> 　　　注文に対しては速にさばきをつける
> 　　　お得意様には親切丁寧
> ということが、一般の商売に取って極めて大切なことであると同様に、我々の商売に取っても極めて大切なのである。

当時の電気はハイカラで時代を先取りするイメージがあり、これをすみ分けされた各地域において独占的に東京市電気局、東京電燈、日本電灯の3

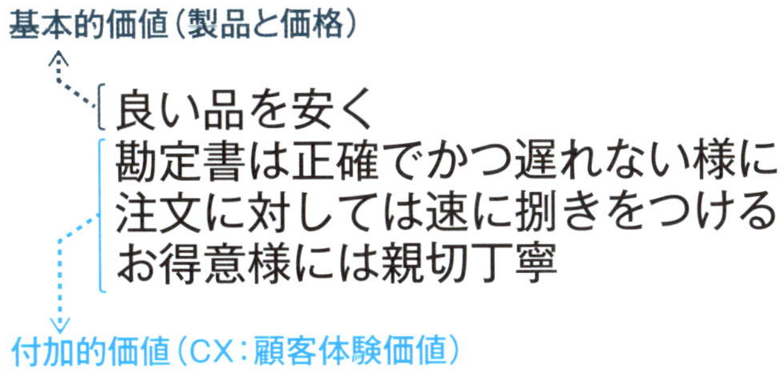

基本的価値（製品と価格）

- 良い品を安く
- 勘定書は正確でかつ遅れない様に
- 注文に対しては速に捌きをつける
- お得意様には親切丁寧

付加的価値（CX：顧客体験価値）

図9-2 極めて大切なこと

者が供給していた。親方日の丸、お役所体質になりがちな電燈従業員に対して"勘違いするな、我々は電気という日用品を扱う店員であり、需要家はお得意様だ"と強く牽制している。

最も注目したいのは「良い品を安く」からはじまる"極めて大切"としている4行だ(**図9-2**)。

はじめの1行が「製品価値」と「金銭的コスト」なので基本的価値、あとの3行が「心理的コスト」「時間的コスト」「エネルギーコスト」「サービス価値」「接点対応価値」「イメージ価値」なので付加的価値（すわなち顧客体験価値）だ。この4行の文章のなかで、基本的価値が最も重要なので最初に書かれているが、競争力の源泉となる付加的価値部分が文字の分量としては多く書かれており、本書同様ここを強調したい意図を感じる。本文を見ても一番多くの紙面を割いているのが第三章の「御得意様には」で、サービスやコミュニケーションによる顧客体験価値の向上を重要視していることがわかる。

SERVQUALモデル（⇒ **7-3 2**「付加的サービスの重要性」を参照）の5項目との整合性も興味深い。

4 電力マーケティングの本質

この電燈従業員心得の4行に電力マーケティングの本質、すなわち未来の種が見事に表されている。それをシンプルな言葉で説明すれば以下の通りだ。

> **＜電力マーケティングの本質＞**
> ✓ 低廉な電気と、質の高い体験で、顧客に価値を提供すること

　ここまで本書を読み進め、最後に出てきた本質が凡庸でがっかりしただろうか。だが、本質とはそういうものだ。自身の本質とは、新たに発見するものではなく、気づくものだ。日常に潜んですらおらず、我々のすぐとなりにいつも、ずっといる。100年近くたっても、本当に大事な本質はそんなに変わらない。

　ただし、本質は過去のまま胡坐をかいていればよいというわけではない。本質とは、未来の種だ。この凡庸な未来の種から個性ある美しい大輪の花を咲かせるには、それぞれの時代に即して最新のものを貪欲に取り込み、あるいは身にまとっていかなければならない。決して凡庸でない試行錯誤を必死で行っていかなければならない。そうしなければこの本質を全うできず、次の時代に未来の種を、本質を受け継ぐことができない。

　何を取り込み、身にまとうべきか、どう試行錯誤するのか、それを本書で説明してきたつもりだ。とくにマーケティング・プロセスの中核的要素WHO-WHAT-HOWを説明している第3～8章を中心にちりばめられている。端的に言えば次の通りであるが、これは小林の3つの異能、電力マーケティングの3つの特徴の要約でもあり、すなわち本書で伝えたいことの骨子ということになる。

> **＜本書で伝えたいことの骨子（試行錯誤の方向性）＞**
> 　ターゲットとなるコミュニティに対する時代も見据えた深い洞察のもと、サービスやコミュニケーションの特徴を踏まえて顧客とともに体験価値を共創していく

　最後に、これまでなんどか出てきた電力マーケティングの3つの特徴を説

明する図と、"電力マーケティングの本質"および"本書で伝えたいことの骨子"の関係性を説明しておく。

"電力マーケティングの本質"は「対物アプローチ」と「対人アプローチ」の両方で顧客に価値を提供する矢印で表しており、対人アプローチにおいて行うべき試行錯誤の方向性が"本書で伝えたいことの骨子"ということになる。

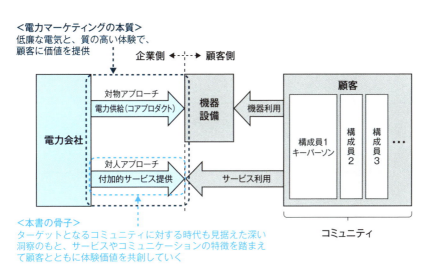

図9-3 "電力マーケティングの本質"と"本書で伝えたいことの骨子"の関係性

小林の異能と電気が出会うことで生まれた世界に先駆けた取り組み、凡庸な電力マーケティングの本質(＝未来の種)から個性ある美しい大輪の花を咲かせるための試行錯誤の方向性、さらにはこれらと電力マーケティングの3つの特徴との関係性、こうしたことを認識したうえで、できれば第3〜8章を改めてもう一度読み返すことをおすすめしたい。

巻末資料

巻末資料 1　イノベーター理論と訴求内容のセオリー

　プロダクト・ライフサイクル（PLC）とイノベーター理論について解説した後に、アーカーによる便益の3分類も加味したうえで、ターゲット別訴求内容のセオリーを説明する。

〈プロダクト・ライフサイクル〉

　1950年に経営学者ジョエル・ディーンが提唱した製品のライフサイクルに関する理論。製品が市場に投入されてから衰退して姿を消すまでの変化を、導入期・成長期・成熟期・衰退期の4段階に分けて体系化したもの。PLCと略すこともある。

- ✓ **導入期**
  市場導入段階のため売上は小さく、開発コストや広告宣伝費がかかるため利益はほとんど出ない。市場は小さく、競合もほとんどいない状態。認知度向上と市場拡大が重要テーマ。
- ✓ **成長期**
  売上が急上昇し、単位当たりコストも低減していくため利益が上昇。競合も徐々に増加。新機能・バリエーションの増加などによる競合との差別化、自社ブランドの浸透が重要テーマ。
- ✓ **成熟期**
  売上はピークとなり、単位当たりコストも低水準のため高利益となるが、売上も利益も頭打ちとなる。上位企業はコスト優位性を活かしたシェア維持、下位企業は特定ターゲットへの集中による利益の最大化が重要テーマ。
- ✓ **衰退期**
  需要と競合が減り、売上や利益も減少。投資抑制と効率性UPによる利益確保が重要テーマ。大胆なモデルチェンジやイノベーションによる新たな市場開拓が望めない場合は、撤退時期の見極めが必要。

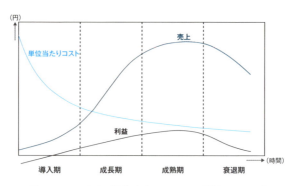

図1　PLCの売上・単位当たりコスト・利益イメージ

〈イノベーター理論〉
　1962年に社会学者のエベレット・M・ロジャースが提唱した商品普及に関する理論。商品購入者の特徴や態度を普及率によって5つに分類したもの。なお、以下解説の各比率は時代や市場によって変化するため、あくまで目安として捉えていただきたい。

- ✓ イノベーター（先駆層）：市場全体の2.5％
　当該市場における自身の考え方や価値観に自信を持ち、他人の評価を気にせず自らの基準で取捨選択する層。情報感度が高く、好奇心・冒険心に富み、新しいものに価値を感じる傾向。イノベーターを"革新層"とすることが多いが、本書では変わり者・マニア・オタクに近い意味も込めて"先駆層"としている。
- ✓ アーリーアダプター（橋渡し層）：市場全体の13.5％
　圧倒的多数のフォロワー層（追随層）に自慢できたり尊敬されたりすることに価値を感じる。トレンドに敏感で、他の人よりも先を走っていたい層。アーリーアダプターは"初期採用者"と訳されることが多いが、本書ではフォロワー層へのつなぎ役の意味を込めて"橋渡し層"としている。アーリーアダプターの中で他者への影響力が強い人を"オピニオンリーダー""インフルエンサー"という場合もある。
- ✓ アーリーマジョリティ（前期追随層）：市場全体の34％
　他の人の目や意見を気にする慎重派。誰かと一緒でいたいという親和欲求が高く、流行に遅れたくないという気持ちがある。前期と後期の追随層を併せて"フォロワー""マス層"と呼ばれることもある。
- ✓ レイトマジョリティ（後期追随層）：市場全体の34％
　前期追随者よりもさらに懐疑心が強い傾向。他者と同じことをすることで安心するため、実績あるものだけを選択する。判断基準は常に他人にあり、周囲からバカにされたり、失敗したりするのを強く嫌う。
- ✓ ラガード（遅滞層）：市場全体の16％
　新しいことに対してネガティブな印象を持ち、保守的で伝統を好む傾向が強い、かたくなな層。すべてにおいてそのような価値観を有する場合と、特定市場のみの場合があり、後者については自身の基準で判断する点はイノベーターと同じため、市場が変われば先駆者となる可能性がある。

　このイノベーター理論とプロダクト・ライフサイクルを組み合わせ、各タイミングにおける訴求内容のセオリーを記したのが以下となる。

　イノベーターは当該市場や業界の知識を豊富に持っていることが多く、言い方を変えればその道のプロである。規格や機能を説明すれば、自身の情緒・自己実現の便益に変換でき、

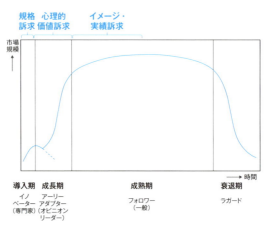

図2 イノベーター理論と訴求内容のセオリー

自分にとって良いか悪いかを判断できる。自分自身で出す結論を好むため、他者が情緒的な便益をイノベーターに知らせたとしても、プロとしてそれが本当か確認したくなる。よって、商品の規格・機能・性能を伝えるのがセオリーとなる。

　"イノベーターを捉えればヒットする"という会話を聞くことがある。最初にイノベーターを捉えることは重要であるが、厳密に言えばこれは誤りだ。イノベーターは高感度なアンテナで新しい商品を見つけ出し、その自身の判断に自信を持っているが、他者に認められたい、褒められたいとはあまり思わない、やや変わり者の人たちだ。アーリーアダプターはこうしたイノベーターの選択を横目で見ながら支持するかどうか判断するのだが、アーリーアダプターに支持されない場合は、圧倒的多数のフォロワーに情報が伝わらず、イノベーターだけの小さなブーム・内輪ウケで終わってしまう（**図-2**の破線部分）。自身の選択を周囲に自慢し「さすが」「いいね」と言われたいアーリーアダプターこそが、トレンドリーダーやオピニオンリーダーとしてフォロワーに影響力を持っている。商品がヒットするかどうかのカギはアーリーアダプターが握っているのだ。
　アーリーアダプターを捉えるには価値訴求が有効だ。とくに、彼ら自身もまだ明確化できていない潜在的で心理的なニーズに合致したものが望ましい。そうした潜在ニーズに合致した価値生成の瞬間は、アーリーアダプターからすると"新たな発見""妙な納得感や腹落ち""モヤモヤがスッキリ""なるほど！"のような状態となるため、これを他者にいち早く自慢したくなるためだ。

フォロワー層は周囲を気にする慎重派で失敗を恐れるので、"今これだけ流行っている""○○において実績ナンバーワン"などの実績アピールが効く。また、イノベーターやアーリーアダプターほどに感度・関心が研ぎ澄まされていないため、規格や機能を言われても情緒的な便益に直接紐づけて想像(創造)することができない。よって、「要は○○」のように、内容をかみ砕いて抽象度を上げたエッセンスを、わかりやすくイメージとして伝えるのが効果的だ。

【参考図書】
・ビジネススクール・テキスト マーケティング戦略(慶應義塾大学ビジネス・スクール編/2004年)
・改訂シンプルマーケティング(森行生著/2006年)
・ライフサイクルイノベーション 成熟市場＋コモディティ化に効く14のイノベーション(ジェフリー・ムーア著/2006年)

巻末資料 2　大正から昭和初期(1910〜1950年頃)の電気事業の状況

　大正時代の東京市では、東京市電気局、東京電燈、日本電灯の3者で競争を行っており、「三電競争」といわれていた(三電競争は1913年から17年まで)。この競争は、供給エリアが重複する事業者間での、主に電灯や小口動力の競争だった。明かりは火(石油ランプ、ろうそくなど)から電気、動力は蒸気から電気へと転換されていった。動力における蒸気と電気の比率が逆転したのもこのころ。

　1軒の家に1階と2階で別々の会社が供給したり、値引き競争で採算割れになったりするなど、激しい需要家獲得競争が行われた。このため、1917年に相互の供給区域を定め、利用料金などの供給条件の統一を図る「三電協定」が結ばれ、無謀な過当競争に終止符が打たれた。1920年代に入ると所管官庁の逓信省は新規の電灯や小口電力の重複供給許可を出さなくなり、大口電力に限って重複供給を認める方針に転換したため、電灯市場における競争はほぼ終息した。

　1910年代後半は第1次世界大戦での好景気(とくに動力系が発展)により電力不足となり、電気事業各社が相次いで電源開発・発電所建設(主に水力)に着手。ところが好景気から一転、1920年の反動恐慌を皮切りとした不況が続き需要が伸びなくなり、1923年には関東大震災も起きた。発電所が完成するころには、電気事業者は逆に多くの余剰電力を抱えることになる。

　昭和初期(1920年代後半〜30年代初頭)、この余剰電力の売り先をめぐる競争がおこり、東京電燈、東邦電力、大同電力、宇治川電気、日本電力の5大電力による「電力戦」と呼ばれる過当競争が再び展開されることになる。電灯・小口はすでに逓信省が重複許可を出さなくなっていたため、当時全国で800社近くもあった電気事業者間での競争の主戦場は大口電力となる。電灯・小口については、自社既存顧客への他熱源転換や電気機器販売などの電気需要拡大活動が展開された。

1920年代の5大電力

社名	主要事業形態	主要供給区域 又は主要電源	主な経営者	電灯(kW)	電力(kW)	収入額(千円)
東京電燈	小売	関東地方	若尾璋八 郷誠之助 小林一三	93,203 (16.2%)	302,047 (15.2%)	58,448 (14.3%)
東邦電力	小売	中部地方 北九州地方	松永安左エ門	59,364 (10.3%)	145,123 (7.3%)	38,887 (9.5%)
大同電力	卸売	木曽川水系	福沢桃介 増田次郎 有村慎之介	662 (0.1%)	201,070 (10.1%)	22,677 (5.5%)
宇治川電気	小売	関西地方	林安繁 影山銑三郎	2,764 (0.5%)	201,786 (10.1%)	21,018 (5.1%)
日本電力	卸売	黒部川水系 庄川水系	池尾芳蔵 福中佐太郎 内藤熊喜	−	77,875 (3.9%)	6,511 (1.6%)

市場占有率(1925年末)

図3　1920年代の5大電力

1883年設立の東京電燈(東京電力の前身)は、1920年代半ばまでに、品川電灯、八王子電灯、横浜電気、桂川電力、猪苗代水力電気、京浜電力などの周辺地域の中規模電力会社を中心に次々に合併・吸収し、企業規模を急速に拡大。当時の日本において、電気事業会社以外も含めて国内最大の会社となった(資本金ベース、南満州鉄道を除く)。このころ、東京電燈他4社の5大電力の全国におけるシェアは電力kWベースで47％、収入額ベースで36％(1925年末時点)であった。

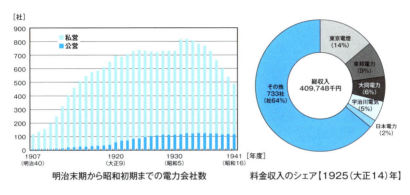

図4 明治末期から昭和初期までの電力会社数と料金収入シェア

　「電力戦」によりサービス改善と電力料金低下がもたらされたが、同時に、需要と供給の見通しを無視した無秩序な設備計画や二重投資、原価を割る料金設定による需要家獲得などにより電気事業者の収益が悪化。多くのM&Aも発生し、電力業界全体が混乱。安定供給が危ぶまれる状況となる。逓信省は1927年ごろから「電力統制」の動きを見せ、改正電気事業法が1931年公布、翌1932年施行。その後日中戦争勃発から太平洋戦争に至る戦時体制の下、1939年に国策会社の日本発送電を、1942年に配電統合による9配電会社を設立し、電気事業は日本発送電の下に9配電会社が連なる国家管理の時代に突入する。

　国家管理の時代は約10年間つづくが、経営の自主性やお客さまサービス精神が失われ、需要家は電力不足による供給制限を強いられるなどの問題点が浮き彫りになった。これを改善すべく、1951年に発電・送電・配電の一貫経営を基軸とする9電力体制がスタートした。

【情報・資料提供】
・東京電力 電気の史料館　https://www.tepco.co.jp/shiryokan/index-j.html
　※2024年6月現在休館中

巻末資料3　マーケティング黎明期の成功事例"T型フォード"

　機械いじりが好きだったヘンリー・フォードは16歳でデトロイトに行き、機械工具となり工場を渡り歩いた末に、1891年にエジソン電気会社に入社。その後、ガソリン自動車を開発する夢を実現するためにエジソン電気会社を辞めているが、ヘンリー・フォードが自身の車づくりの方向性が正しいと確信できたのはエジソンの言葉があったからだと語っている。当時は、蒸気自動車、電気自動車、ガソリン自動車が混在する時代で、フォードにはまだ迷いがあったのだが、電気に関して世界一の知識を有するエジソンが、電気モーターよりもガソリンエンジンの方が動力として適していると断言したのだ。天才からのお墨付きを得て、フォードは自身の考えが正しいことを確信した。これが1896年のこと。紆余曲折があったものの1903年にフォード・モーター・カンパニーを設立し、初めて作ったのが「A型」で改良を重ねるごとにモデル名をB型、C型と付けていき、1908年に自動車の歴史を変えるT型をデビューさせた。

　当時の移動手段は主に馬や馬車で、自動車は一部の特権階級が実用というよりは娯楽として保有していることが多かった時代であった。各自動車メーカーは非常に個性的な車をほぼ手作りで生産するなど、価格も非常に高価なものであった。そのような中、フォードが見据えたのは自動車の大衆化だ（このあたり、小林一三と思想が似ている）。
　T型フォードといえば、ベルトコンベアシステムを導入したことによる大量生産が有名だが、近代マーケティングをつくり上げた一人であるセオドア・レビットは彼のもっとも有名な1960年の論文"マーケティング近視眼"でこういっている。

> 　世間はきまってフォードを生産の天才としてほめるが、これは適切ではない。彼の本当の才能はマーケティングにあった。（中略）フォードが1台500ドルの車なら何百万台も売れると考えたので、それを可能にする組み立てラインを発明したのである。大量生産は、フォードの低価格の原因ではなく、結果なのだ。

　生産コストに利益を乗せて販売価格を決める総括原価方式ではなく、市場や競合を調査して大衆に売れる価格を設定し、その価格で経営が成り立つようにしたということだ。低価格を実現するには大量生産が必要で、大量生産を実現するために合理化と標準化を徹底してベルトコンベアシステムを導入し、生産過程での効率化・大規模化を進めたのだ。
　図5は、1926年（大正15年）出版の「最新フォード自動車図解（巽清治）」から引用した断面図で、国会図書館のデジタルコレクションから閲覧できる。全体として合理的でシンプルな構造であることが素人目にもわかる。

　同時に、ターゲットを大衆にしているので、広く知ってもらい、買いやすくすることも重要となるため、大規模な新聞広告を展開するとともに、北米のほとんどの都市にフランチャイ

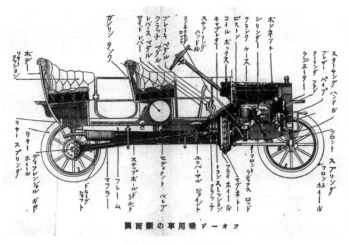

図5 T型フォード断面図

ズ式の販売店を設けた点も、マーケティングの重要ポイントとして強調しておきたい。
　また、スティーブ・ジョブズがよく使っていたというヘンリー・フォードの次の言葉は、顕在化されていない潜在的なニーズを考え抜くことの重要性に気づいていたマーケティングの天才としてのヘンリー・フォードをよく物語っている。

> もし人々に望む移動手段を聞いていたら、彼らは「もっと速い馬が欲しい」と答えていただろう。

　1908年に発売されたT型フォードは1918年までの約10年間で総販売台数は1,500万台を超え、当時アメリカにて保有される自動車の半分はT型フォードとなった。

【参考サイト・図書】
・GAZOO＜自動車人物伝＞ヘンリー・フォード（1896年）
　https://gazoo.com/feature/gazoo-museum/car-history/15/09/11_1/
・マーケティング近視眼（セオドア・レビット）、DIAMONDハーバード・ビジネス・レビュー2001年11月号掲載
・最新フォード自動車図解 - 国立国会図書館デジタルコレクション
　https://dl.ndl.go.jp/pid/1018998/1/1/3

巻末資料 4 節電・DRと企業利益

　2022年度の夏以降、燃料費価格の高騰を背景とした節電・DR（Demand Response：需要家側の需要抑制）活動が、各電力会社だけでなく国や自治体も含めて積極的に行われている。需要を喚起・拡大させることを目指す通常のマーケティング活動とは逆に、電力需要の抑制を働きかける活動は「企業利益とマーケティング目標」という文脈の中でどのように位置づけられるのか。

　自由化以前から行われている電力会社における省エネ活動は、主に資源の有効活用や環境負荷低減などを目的としたCSR（Corporate Social Responsibility：企業の社会的責任）活動の一環として行われてきた。公益事業を営むがゆえに、社会的責任についても、他の一般的な企業よりも強くステークホルダーから求められる傾向にある。自由化以前は地域独占であったのだからなおさらだ。とくに1990年代以降は、自社の利益を追求するだけでなく、自社の活動が広く社会に与える影響に責任を持って意思決定していくことを重要視するように社会全体が変わってきた。コトラーが主張する「マーケティング3.0」の世界だ。

　一方、昨今の節電・DR活動の目的は大きく2つある。ひとつは需要に供給が追い付かず最悪の場合はブラックアウト（大規模停電）することを回避するための「需給逼迫回避」。もうひとつは、電力調達コストが販売価格を上回る場合など、売れば売るほど赤字になる状態を回避するための「逆ザヤ回避」だ。

　「需給逼迫回避」は、将来的な地球環境貢献といった長期的で壮大な目的ではなく、目の前に迫った具体的で切迫したリスク（大規模停電による社会的混乱）の回避を目的としており「CSR活動」というにはやや違和感があるが、大きな分類として省エネ活動と同類の社会的責任を果たす活動といえよう。

　こうした自社利益追求とは異なる活動は「利益」をKGIとしたKPIツリーの中で整理するのは難しい。強いて整理するなら、こうした活動を行わなければ、社会混乱を招いた責任を問われ、後々、様々な形で多大なコストをかけざるを得なくなることを回避するという意味で費用削減策となるが、効果の厳密な定量化は困難だ。

　こうした活動の実施可否は、短期的・定量的なROI（投資対効果）判断を超えて、自社の存在意義や社会的責任のあり方を踏まえて実行可否判断すべき事項となる。

　「逆ザヤ回避」は、売れば売るほど赤字になるタイミングの電力需給を極力抑制することで赤字幅を圧縮する活動なので、あきらかに費用削減が目的だ。投下したコストで電力需給をどれだけ抑制でき、結果してどれだけ赤字を抑制できたかを定量的に確認し判断していく必要がある。

　また逆ザヤ回避の節電・DR手法として、需要削減に成功した場合に一定のインセンティ

ブを付与することで行動を誘発させる行動誘発型DRがある。こうした取り組みは一般的に企業WEBサイトに頻繁なアクセスを促すこととなり、とくに需要削減成功者にはポイントなどによりインセンティブ付与もあることから、エンゲージメントが向上し失注抑止につながる傾向にある。節電・DR参加者と非参加者で月次失注率を比較することで、節電・DR施策の失注抑止効果を確認できるため、投下したコストに対し、こうした副次的効果も併せて投資対効果を確認し、実施可否判断やPDCAを回していくことが望ましい。

なお、需給逼迫回避や逆ザヤ回避のDRは需要抑制、すなわち電気の需要量を減らすために行われ「下げDR」といわれているが、逆に、需要量を増やす「上げDR」もある。上げDRは、主に再生可能エネルギー過剰出力分の調整などのために行われる（図6）。

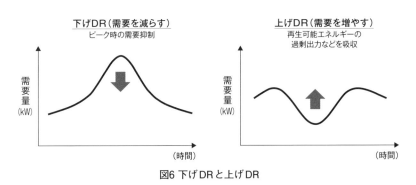

図6 下げDRと上げDR

また、需要削減に成功した場合に一定のインセンティブを付与することで行動を誘発する「行動誘発型DR」はすでに多くの企業でサービス展開されているが、今後の展開が期待されるものとして「機器制御型DR」がある。これは、あらかじめ需要家との契約により了解を得たうえで、生活に支障がない範囲で企業が蓄電池の充放電を行うなど、機器をコントロールして需要を調整するDRで、制御可能な機器が一定のエリアで多く挿入されれば、群で制御することも可能だ。

機器開発やサービス設計が顧客への価値提供を主眼においたマーケティング的発想でなされることを期待したい。

巻末資料 5 | 家族ペルソナ構築プロセス

2次データを活用した仮説構築の事例として、筆者自身で行った家庭用分野の電力マーケティングにおける価値提供先の基本単位である"家族"の現状確認と、ターゲット顧客(家族ペルソナ)の仮説構築プロセスについて、どのように考えながら進めていったかの思考回路も含め概要を紹介する。

なお、ここで紹介する家族ペルソナ仮説は、本文 3-4 「ターゲティングの分類」の中ではブランド・ターゲットとなる。

●Step1：家族の定義

そもそも家族とは何なのか。家族の定義は実は曖昧なため、データや資料収集の前提として家族とは何かを定義しておく。

家族の一般的なイメージは"血縁関係のある一つ屋根の下に住む人たち"かもしれない。しかしながら、血縁や同居、さらには人であること、これらは家族と呼ぶのに本当に必須だろうか。

①血縁関係
　血のつながりのない養子も家族になれる。マフィアのボスは自組織メンバーをファミリー(家族)と呼ぶ。一方、血のつながりがあっても勘当されれば家族ではなくなる。血縁は家族の前提にはならない。

②同居の有無
　筆者は千葉に住んでいるが実母や実兄は埼玉の実家におり、実妹は嫁に行き実家の近くに住んでいて、筆者とは同居していない。しかしながら彼女らは間違いなく筆者の家族である。同居も家族の前提にはならない。

③ 人であること
　犬を家族の一員と公言して室内で一緒に暮らす親戚がおり、たいへん可愛がっていた。その犬が息を引き取った際も、自分が入る予定の家族のお墓に入れていた。動物も家族になれる。

法律上で必要な家族の定義などは別にして、もっと本質的な意味での家族を定義するにあたり、血縁や同居、さらには人であることは必須ではないことがわかる。

社会学や看護学、あるいは哲学なども含めて、家族を定義するのに参考になりそうな記述をインターネット上で確認し、私なりに"家族"を定義したのが以下となる。関連する"コミュニティ""社会""絆"の定義とともに記載する。

　【家族】互いに家族と認める集まり。コミュニティの一種。
　【コミュニティ】共同体。社会的相互作用のある領域。共通の絆を有することが多い。

【絆】離れがたい結びつき。相手の情などにひきつけられ、心や行動の自由が縛られる。

簡単にいえば、互いに家族と考える"両想い"で、離れがたい結びつきを感じれば家族である。血縁も同居も必要なく、人である必要もないので、離れた実家にいる犬や猫なども家族となりえる。ただし、爬虫類や魚類などは難しいと思われる。ヘビが大好きで飼っている人は、そのヘビを家族と思い離れがたい結びつきを感じているかもしれないが、ヘビがその人を家族と考えているとは思えない。片思いでは家族とはいえない。

●Step2：2次データの収集とファインディング

家族に関係する様々なデータやレポートを書物やインターネットから収集。家族全体だけでなく、夫婦・若者・シニアなど家族を構成する要素単位で情報収集を行った。

紙面の関係上、グラフ等のデータ掲載は省略しファインディング（データから得られる発見や気づき）や考察結果のみ掲載する。

①家族全体
家族について、データとともに以下のような情報を目にすることがある。

- ✔ 単身・夫婦のみ世帯で過半数超え
- ✔ 共働きが主流
- ✔ 結婚しても3分の1が離婚
- ✔ 晩婚・晩産が進む
- ✔ 子供が減り、高齢化

こうした世によく出てくるデータだけを見ると、世帯が小さく数多く分散、家族同士で会う時間が減り、家族意識が希薄化。社会全体が徐々に老いていく…。そのような暗い家族像を思い浮かべてしまうかもしれない。

一方で次のようなデータも確認できる。

- ✔ 大切と思う人間関係は断トツで家族
- ✔ 共働き夫婦を助けるために祖父母が近くに住まう「近居」が増
- ✔ 近居は同居よりも関係悪化リスクが少なく、満足度も高い
- ✔ 近居を望む人は若い人ほど多い

これらのデータを見ると、家族意識が希薄化しているようには見えない。世帯が小さく数多く分散しているかに見えた家族も、一つ屋根の下ではないものの、実は別居や近居という形でしっかり助け合いながら暮らしているように見える。とくに近居は家族間の情緒的な結びつきが良好で幸福度が高く、今後も増えていくことが予想される。

②夫婦
　男性中心の社会からの反動もあり、女性が強くなってきている。家族の主導権は女性が握る場合が多く、希少性もあって子供の存在感が増している。
　血縁関係や同居、あるいは婚姻届けなどによるものではない、本質的な「情緒的なつながりとしての家族」は、不確かで、不安定で、とらえどころのないもの。大切にケアしないと壊れてしまう。だからなのか、夫婦が互いに頑張って家族しようとする姿がうかがえる。とくに男性（夫）の方がその努力の傾向が強いようだ。

③若者
　若者は、消費意欲が乏しく堅実で、現状満足度が高く、今を大事にし、友達の定義そのものを変化させて多元的自己※を葛藤なく受け入れている。
　良い・悪いではない。変化への対応だ。
　幼いころからスマホを手にしているデジタルネイティブなZ世代。SNS上での友達には深い関係を求めていない。全幅の信頼をおいて全面的に自己をさらけ出せる場が少なくなって来ており、結果して、若者から見た家族の価値が向上しているように見える。

※多元的自己とは？
　　状況に応じて複数の異なる自己を振る舞い分けること。アイデンティティ形成が未熟な若者が、親・友人・先生・恋人などの相手や状況によって自己を使い分けることには葛藤や混乱があるのが通常であったが、昨今のネット社会では葛藤や混乱なく自己を使い分ける傾向がある。
　　SNS等においては自己（個人情報）を全面的に開示せずにアバターや別ネームで会話やゲームを行うことが多く、様々なキャラ設定に応じた多元的なコミュニケーションをむしろ積極的に楽しみながら行う。

④シニア
　今後、間違いなく増えていく高齢者。
　ただし、60代はまだまだ元気だ。介護される対象ではなく、むしろ「経済的支援」と「労働力の提供」という形で子夫婦を援助しようとしている。
　その援助は物理的な距離が近いほど大きくなるようだ。ただし、近すぎると頻繁に口も出してくるなど摩擦が生じやすい。若夫婦とその親（シニア）は、それらのバランスとっているように見える。

●Step3:家族ペルソナ

これらを踏まえた作成した家族ペルソナ仮説(概要のみ掲載)は以下の通り。

こうした自らの実体験や2次データを利用して仮説を構築した後に、調査会社への委託により仮説を検証または補強するのが、ターゲット構築のセオリーとなる。
　このように作られた仮説は検証により覆される場合もあるが、イニシアティブを発揮して検証調査をしっかりコントロールし、調査アウトプットの質を上げるために必要なプロセスだ。以後のマーケティング・プロセスをターゲットに常に寄り添った状態で進めていくためにも、マーケター自身がしっかり腹落ちする形でターゲットの解像度を上げておくことが極めて重要である。

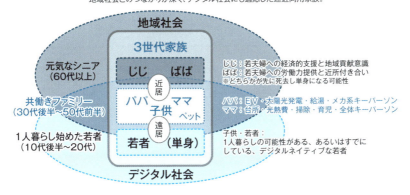

図7 家族ペルソナ(仮説)の概要

巻末資料6　PPAモデル"エネカリプラス"

　PPA（電力販売契約）とは、発電・小売事業者と電力の使用者との間で取り交わされる、主に再生可能エネルギーに関する電力契約のこと。
　顧客の屋根や敷地を借りて電力会社資産のマイクロ発電所設備（主に太陽光発電）や蓄熱・蓄電設備を設置し、PPAを締結することで顧客が地産地消的に電気を利用するという仕組みだ。この仕組み全体をPPAモデルといっている。

　このPPAモデルの具体例が東京電力エナジーパートナー（以下、東電EP）の「エネカリプラス」となる。エネカリプラスとは、太陽光発電、蓄電池、おひさまエコキュートを初期費用無料で導入できるサービス（必須なのは太陽光発電のみで、あとの2つはオプション）で、顧客から見ればこれらの設備機器を所有せずに、その効能・効果のみを享受する仕組みとなっている。機器設備の所有者は電力会社となるため機器故障時の対応などは電力会社が行い、契約期間満了後にはすべての機器を顧客に無償譲渡する。
　おひさまエコキュートとは、エアコンなどにも使われているヒートポンプで夜間電力を使って安価にお湯を沸かすエコキュートを、昼間に太陽光で発電した電気で沸き上げるよう東京電力とエコキュートメーカーが共同開発したものだ。外気温が低い夜間から暖かい昼間に沸き上げタイミングをシフトしたことで、沸き上げ効率も向上した。
　光熱費の抑制だけでなく、停電が長期化するような万が一の災害時における安心感を提供している点も特徴だ。再生可能エネルギーである太陽光発電で晴れていれば電気を作ることができる。また、蓄電池は太陽光を電気のまま、おひさまエコキュートはお湯にして貯めることになり、家にエネルギーを電気かお湯で備蓄している状態となるため、曇りや雨、夜間も一定時間利用可能となる。
　自宅で発電した電気を自ら使う地産地消・自家消費型の商品となり、今後、蓄電池搭載のEVがラインアップに追加されれば、さらなる電気代・ガソリン代の節約や環境への貢献に期待できる。

【参考サイト】
・エネカリプラス | でんきとの新しいくらし方 | 東京電力エナジーパートナー
　https://www.tepco.co.jp/ep/kurashi/denka/enekariplus/

巻末資料 7 | 東京電燈 小山出張所開所記念
家庭用電気機器の展覧会

東京電力「電気の史料館」に保存してある1930年5月の東京電燈社報に掲載された記事を紹介する。東京南部、今の品川区に新しい総合出張所として開設された小山出張所(後に営業所となる)が、開所記念家庭電器展覧会を開催した報告記事だ。
　なお、極力原文のまま掲載しているが、そのままでは意味が分かりにくい箇所については、読みやすくなるよう現代用語に修正している。

　社報 第319号 昭和5年(1930年)5月15日発行「開所記念家庭電器展覧会」
　関東大震災以来発展に発展を続けて今や人口12万余を有し、府下屈指の繁昌地となった荏原町の目抜きの場所、小山本通りに新装美しくそびえ立つ鉄筋コンクリート3階建の建物こそ、我が東京南部営業所における総合出張所のさきがけとして、去る3月1日より開始した小山出張所である。
　従来出張所は営業、倉庫、内・外線、試験と各地に分散していたものが新たなる組織のもとに総合統一され、更に電気相談所・器具販売係も設置され、これら諸々の関係が一丸となって一致協力してサービスの向上・需要の喚起にあたるというのであるから、わが社の出張所制度の上に一時代をなすものである。これを記念すべきであると共に、また対外的にも新出張所の開設を需要家に強く印象付け、サービスの徹底向上に資することは極めて意義あることであるから、何か記念を兼ねた催し物をという計画が開店当時よりあったものが、いよいよ4月21日より30日に至る10日間、家庭電器展覧会を開催することができた。
　大体の計画は家庭用電気普及会で心配してくれたもので、開会が具体的に決定したのは4月3日であった。出張所においても委員会を開いて大体以下の通り仕事の分掌を定め準備に着手することとなった。

・宣伝用印刷物広告看板観覧券の考案注文、制作(販売係)
・印刷物の配布(営業係)
・出品中形状の大なるもの、重量あるもの、会場搬入(外線係・倉庫係)
・陳列設備の造作、装飾、配線(倉庫係・試験係・内線係)
・陳列品の配置(販売係)
・出品の監視、入場者の接待に関する立案(庶務係)

　かくして18日に出品物を搬入し、予定通り21日には何の支障もなく開会の運びとなったが、これまでこぎ付けるには関係所員の苦労は一通りではなかった。なにぶん、一方には平日通り社務を果たしながら、この片手間に、しかもこういう仕事に対しては何の経験もない素人ばかりでやることであるから、期日が迫るにつれて毎夜遅くまで汗と塵(ちり)にまみれて各部署の作業を行うという有様であった。あまつさえ経費を極端に切り詰めてやらねばならぬ仕事であるから、会場の設備・装飾等の経費も、一銭たりとも疎かにしないという方針で、

陳列台は再利用品を使って製作する一方、所長始め各員が木を切り板を割って枠を組み、あるいはこれに紅白の布を巻いて装飾を施し、あるいはポスターを制作し、あるいは会場に一段の色彩を添えるためにちょうど季節の藤棚を作るなど、室内の装飾も含めて我々の汗の結晶であって、この心がけは一般各支出の上に如実に現れ、会期中約3万の観覧者を誘引するにわずか300円の費用でできたことは、吾々としていささか得意とするところである。

なお、会場付近街頭の装飾についてここに一つの麗しい挿話がある。それは地元町内のこの催しに対するあつい真心がこもった援助であって、会期中一歩この町内に踏み入れた者の目を必ずや奪うに違いない。町内両入口の奉祝門、町内に張り巡らせた紅白の幔幕と軒の提灯は無償で町内が特に展覧会のために協賛して設置されたものであって、これがこの展覧会に一段の光彩を添えたことはここに特筆に値するものであろう。

出品者、出品種別は次の通りである。

出品者 19

東京電燈株式会社、日本電飾株式会社、帝国総合電球株式会社、国際興農社、中部電機株式会社、東京電機株式会社、三菱電機株式会社、株式会社芝浦製作所、株式会社日立製作所、クロードネオン電気株式会社、久能木商店、貝塚電気研究所、クレオ研究所、萬能商会、株式会社中島電機製作所、日本電熱器製造株式会社、オクダ電熱器製造所、安増電熱工業社、富久商会

出品種別 219点

ネオンランプ、照明効果模型、螢籠、自動電気洗濯機、電気冷蔵機、茶焙機、製菓機、スタンド類、各種扇風機、参考不良器具類、参考写真類、参考良器具、海苔焼機、万能釜、七輪類各種、電気揚水機、アイスクリーム製造機、各種アイロン類、饅焼機、カーリングヒーター、バリカン、トスター、パーコレーター、茶瓶、各種投込、電気炭、湿潤器、吸入機、無電池ラヂオセット、エリミネーター、豆変圧機、電気蓄音機、真空掃除機、マグネサイレン、ミシンモートル、ホームモートル、単相四分の一馬力モートル、組合せ工具、火鉢、シンデレラー洗濯機、入江式ランプ表示器、各種自動煮沸器、モーターサイレン、10,000燭光ランプ、投光器、照明器具類、配線器具類

会場は3階事務室用50坪の広間と、これに隣接する応接室用小部屋を以てあてられ、小部屋の入口より入場し場内を一覧したら広間より退場するようにし、会場への階段の壁には美麗なポスターを掲げ良き所に盆栽などを配置し、会場にて奏するピックアップレコードの流れと相和して一見展覧会気分を醸成するよう仕組んだ。

小部屋は半暗室式にして、ここに陳列されたる自動点滅ネオン並列螺管、ネオン応用太陽色照明器、螢籠、自動点滅する照明効果模型等が人目を捉え、ここを過ぎて広間に入れば右手には文化生活の新鋭、自動洗濯機、自動電気冷蔵機を一列に、低い台上に配列。通路をへ

だてて左手には「良い器具・悪い器具の陳列台」を設け優良器具と粗悪品とを対にして並べ粗悪器具の使用がいかに危険を伴うかを実物をもって説明し、かつ壇用・電気工作物の無断改変、あるいは配線・器具等の素人細工が往々に恐ろしい結果を引き起こすものであることを一々実例写真を掲げて示した。ここより奥左の台上には、アイロン、万能釜、電気七輪、無電池ラヂオセット、バイブレーター、等々いかなる家庭においても容易に電化されうる簡易電化器具類を主として陳列。これより転じて奥右の台には電気火鉢、自動煮沸類、モートル、工具等の他、目新しいシンデレラー洗濯機及び真空掃除機を配列し随時実演活躍して観覧車の目を驚かせば、これに対する奥中央の台上に各製造者より競って出品した今年の新型扇風機は一斉に30年型モダン式の風を盛んにあおり立て大いに気勢をあげる。

会場の中央には実演台が設けられ製菓、茶焙、アイスクリーム製造が各観覧者の目前で演じられ即時廉売されて人気を呼んでいる。かくして最後に出口左側に陳列された「広告サインの端を行く」という5色の麗しいネオンサインの前にしばらく足を止めて場外に出ることとなるのである。

この会場の外に展望に富む屋上バルコニーを開放し、その周辺に植木鉢を配してここに瀟洒なる喫茶店を開き、一般観覧者を自由に昇降できるようにして休息の場所にあて、昼は随時モーターサイレンを鳴らし、夜は1000燭光の投光器および10,000燭光ランプをつけて観覧誘引の一助とした。

会期中観覧者数および売上高は次の通り。

月日	4/21	22	23	24	25	26	27	28	29	30	計
天気	晴	晴	晴	曇	曇(強風)	小雨(寒し)	晴	晴後曇	雨	曇	
観覧者数	330	3,531	3,454	3,215	2,277	1,360	2,691	1,457	540	4,155	23,011
売上高(円)	20.07	45.82	92.00	96.21	41.48	28.15	67.76	72.80	35.76	84.47	584.52
	招待日						日曜日	天皇誕生日			

このようにして会期中滞りなく展覧会そのものの目的を達成しただけでなく、本来の目的である需要家との接近および内部的融和に対しても予想以上の効果を収めたことは最初の試みとしては、まず成功というべきである。そうして、この催しで得た信念は次のようなものであったことを付記して筆をおくことにする。

1. 未経験の目論見も協同動作の力によれば必ず成就するものであること
2. 協同動作の訓練としては時々新しみのある対外的催し物を行うことが効果顕著であること
3. 従来個別の存在であるように見られている事業会社も、やり様では町内の一店舗と同様に、お互いに気安く扱われるようになること

巻末資料 8 ｜ 大正・昭和初期の洋風消費財を扱う新興企業の広告（サントリー、森永、花王、ライオン）

　明治以降の洋風化の流れの中で出現する洋風消費財を製造する新興企業の代表、洋酒のサントリー、洋菓子の森永、石鹸の花王、歯磨きのライオンが展開した斬新でユニークな広告事例を紹介する。

1．洋酒のサントリー

　サントリーの創業者・鳥井信治郎はこう言っていたそうだ。
「いいのものを作らないと売れない。ただ、いいものを作ってもそれを知ってもらわないことには売れへんのや」
　1920年（大正9年）、新聞1ページに筆文字で大きく「赤玉ポートワイン」と書かれた広告が掲載されると、子どもが落書きした新聞を配ったと読者からの問い合わせが殺到。国民を驚かせ、名を広めることに成功した。「やってみなはれ」のサントリーらしい斬新な広告だ。

＜大正時代の赤玉ポートワインと国民を驚かせた新聞広告＞

　1922年（大正11年）に発表した国内初のヌードポスターは、赤玉ポートワインの宣伝活動の中でもとくに有名だ。全国の酒販売店に配布したポスターで、どきっとするような描写を品よくクラシックに見せつつ、全体をセピア色で渋く抑えることで中央グラスワインの赤をグッと引き立たせている。ドイツの世界ポスター展で1位を獲得した、日本の広告業界でも有名なポスターとなる。女性が両肩をあらわにした姿は世間をあっと言わせ、たちまち話題となり、モデルの松島栄美子は「赤玉楽劇座」のプリマ・ドンナとして人気を集めた。小林一三が始めた宝塚少女歌劇が東京帝国劇場で初演したのが1918年。赤玉楽劇座はこれに影響を受けて組織されたようだ。

なお、小林一三の次女春子は、鳥井信治郎の長男吉太郎と結婚。吉太郎は後継者として期待されていたが、31歳の若さで病気により急逝。吉太郎と春子の長男信一郎は、サントリー2代目社長の佐治敬三の後、3代目の社長となっている。

＜世界ポスター展で1位を獲得したポスター＞

【参考サイト・図書】
・サントリーWEBサイト　https://www.suntory.co.jp/wine/original/akadama/history/
・日本マーケティング史 生成・進展・変革の軌跡（森田克徳著/2007年）

２．洋菓子の森永

　森永製菓のミルクキャラメルは1913年から、高温多湿な日本の気候による品質の劣化を防止するために1粒ずつ天童（エンゼル）印入りのワックスペーパーで包み、缶入りで販売していた。しかしながら、美しい印刷を施した缶容器はコストがかかったこともあり不成功に終わる。当時の営業部長が電車でも屋外でもスマートに取り出せる紙巻煙草用の紙サックにヒントを得て、紙の容器を思いつく。試行錯誤のうえ、日本の気候でも耐えられるよう紙サックを二重にするなどの工夫を行い、1914年に上野公園で開催された東京大正博覧会でポケットに入れられる携帯用ミルクキャラメル（20粒入りで10銭）として販売。前代未聞の売れ行きとなった。
　この時のパッケージと車内吊り広告が以下だ。このパッケージデザインは、以来黄色い箱のミルクキャラメルとして愛され続けることになる。広告の方は、時代の最先端をいってい

るような紳士が「天がどちらかを選べというなら僕は煙草ではなくミルクキャラメルを取るよ」といっているデザインで、大人・紳士をターゲットとしており、煙草を競合と見ている点が興味深い。

＜1914年発売のポケット用紙サック入りミルクキャラメルと車内吊り広告＞

【参考サイト・図書】
・森永製菓WEBサイト
https://www.morinaga.co.jp/company/about/history.html、https://www.morinaga.co.jp/museum/history/detail/product/11
・日本マーケティング史 生成・進展・変革の軌跡（森田克徳著／2007年）

3．石鹸の花王

　当時の石鹸は高価な贅沢品であった舶来物か、廉価で手に入りやすいが品質の劣る国産のどちらかしかなかったが、顔を洗える高品質な純国産の石鹸として「花王石鹸」が1890年（明治23年）に発売された。当時一般的に使われていた「顔石鹸」という呼称から発想したネーミングだ。一つ一つろう紙で包んだうえに能書きと証明書を巻き、桐の箱に詰めるという中身も包装も高品質を追求し、3個入り35銭で発売。「国産×高品質」という新たなポジショニングを獲得した。

　発売開始と同時に積極的な宣伝・販売活動が行われ、ポスターや新聞広告などの他、歌舞伎などの劇場の引幕、隅田川の蒸気船の屋根、浴場の湯船に浮かべる浮き温度計など、独創的な広告媒体を次々に開拓した。

　中でも東京大阪間が開通したばかりの東海道本線沿線に掲げられた野立て看板は、鉄道広告の第1号といわれている。

<発売(1890年)当初の3個桐箱入りと、1925年の野立て広告>

【参考サイト】
・花王WEBサイト　https://www.kao.co.jp/white/history/02/

4．歯磨きのライオン

　創業者の言葉「事業を通じて、社会に貢献する」は、ライオンが目指す姿を表しており、人々の幸福と生活の向上に寄与する精神は、今も受け継がれている。
　ライオンの社会貢献活動の原点は「慈善券付ライオン歯磨」だ。ライオン歯磨の袋の裏に慈善券を印刷。商品購入後、この券を児童養護施設などの慈善団体に贈ると、団体に集まった枚数に応じてライオンが寄付をする、今のベルマークに似た仕組みだ。1900年にこれを大々的に新聞広告で告知してから約20年間にわたり継続(寄付金総額は336,554円50銭7厘にも上る)。この慈善券を廃止する際に同時に告知したのが、日本で初めての児童専門歯科診療院「ライオン児童歯科院」の設立であった。とくに子供の口腔衛生について力を入れていたことがよくわかる。
　そんなライオンの大正から昭和初期頃のユニークなチラシ広告が以下だ。縦12cm×横7cmで小さなものだが、深紅の背景におしゃれなファッションの新聞配達員が背負っているベルトの両側が切り込みになっており、折りたたんだチラシが差し込んである。そこには、小間物店に並ぶ様々な歯磨の中でライオンが自慢げに「僕には敵わぬよ」と言っている姿がイメージできる文章が書かれている。
　まず、開封率や精読率を高める秀逸な工夫に驚く。そして、新聞配達員が背負っているチラシを抜き取り、本体裏面記載の「歯の衛生訓」を読んでから、抜き取ったチラシの文章で「自慢げなライオン」のイメージを想像させるという、思わずクスリとさせる手順・クリエイティビティ。顧客体験をデザインした素晴らしい広告だ。

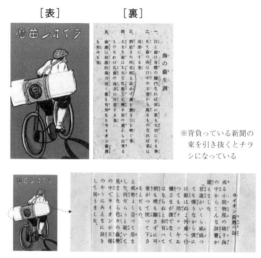

＜大正から昭和初期頃のチラシ広告（縦12cm×横7cm）＞

【参考サイト】
・ライオンWEBサイト
https://www.lion.co.jp/ja/company/history/list/、https://www.lion.co.jp/ja/company/history/museum/

巻末資料9 クープマンの目標値とランチェスター戦略

ランチェスター戦略は軍事戦略としてイギリスで生まれてアメリカで発展したが、ビジネス戦略として体系化されたのは日本であるということはあまり知られていない。

イギリスの航空工学研究者フレデリック・W・ランチェスターが第1次大戦のときに戦闘の法則として提唱したランチェスターの法則がルーツとなる。ランチェスターの法則の要旨は、「戦闘力は、兵士・戦闘機・戦車などの"兵力数"と"武器の性能"が決定づける」というもので、第2次世界大戦の際にコロンビア大学数学教授バーナード・クープマンが数学的・統計的な意思決定方法を取り入れて軍事戦略として発展させた。

その後、マーケティングが専門の田岡信夫らがビジネス戦略として体系化し、1970年代に「ランチェスター販売戦略」を出版。1973年から始まった第1次オイルショックと重なったこともあり、トヨタやパナソニックなどの大企業の他、ソフトバンクやエイチ・アイ・エスなどの当時のベンチャー企業が自社の戦略づくりに活用した。

① クープマンの目標値

市場シェアによって当該市場の状況が把握でき、取るべき戦略も異なってくる。「クープマンの目標値」と呼ばれる6つのシンボル的な数字を紹介する。

- ✓ **74%：独占上限シェア**
  市場をほぼ独占することになり、トップが入れ替わる可能性がほとんどなくなるシェア。同時に、これ以上になると逆に不安定となるため、これ以上は拡大しない方が良い上限値。独占は健全な競争を阻害すると見られ、法令や規制などにより強制的にシェアを低下させられるリスクが高まり、健全な競争下にあったとしても弱者からすれば1社独占は差別化しやすく、狙い目となりやすい。

- ✓ **42%：首位安定シェア**
  首位となるブランドや企業が安定するシェア。不測の事態に陥らない限り2位以下と逆転することがなく、シェア獲得目標値として掲げられることが多い数字。「ランチェスター戦略〈圧倒的に勝つ〉経営（2022年）」の著者福永氏は「8割の確率で2位以下との差が逆転困難」としている。

- ✓ **26%：強者最低シェア**
  激戦から一歩抜け出た状態で、強者の戦略がとれる最低限のシェア。これ未満の場合は、シェア1位であっても強者の戦略をとることはできず、その市場ではオール弱者となる。このシェアをとれば1位になれることが多いが、いつ逆転されてもおかしくない不安定な状態。

- ✓ **19%：並列上位シェア**
  シェア上位のブランドや企業が横並びで拮抗している場合が多くなるシェア。互いに牽制し合って混沌状態を抜け出し26%での首位を目指す。

- ✓ **11％：市場認知シェア**
  選択肢や画像などのヒントが無くても思い出せる純粋想起で生活者から認知されるシェア。多くの場合に事業が黒字化するが、競合からも存在を認められてシェア争いも激しくなる。
- ✓ **7％：市場存在シェア**
  市場での存在がやっと認められるレベルのシェア。生活者が他人から言われてやっと思い出す程度（助成想起）の知名度。

　元々シェア100％だった旧一電からすると、42％が"首位安定シェア"というのは低すぎる印象を持つかもしれない。ただし、競争の激しい市場において2社のみで競争していることはほぼない。3社以上で競争している場合は42％で首位が安定する。旧一電としてはこれを下回ると非常に危険な状況となる。シェアは高ければ高いほど良いわけでもなく、74％以上になると逆に不安定となるため、5～7割程度が競争市場における安定首位の目安となる。
　新電力が目指すべきシェアは26％だ。旧一電目線で"強者最低シェア"とネーミングしたが、このシェアの企業が新方策を打ち出した場合には他企業も対抗手段を取らざるを得ないため「市場影響シェア」と呼ばれる場合もある。新電力として打ち出す方策を通じ、トップシェアの旧一電も含めて市場全体に影響を与えることができる。

② ランチェスター戦略における"弱者の戦略"と"強者の戦略"

　ランチェスター戦略は、強者か弱者かによって取るべき戦略が異なる点が特徴で、強者とは市場シェア1位かつシェア26％以上の企業、弱者とは市場シェア2位以下の企業となる。
　弱者の戦略は、局地戦・一点集中・一騎打ちがポイントで、一言でいえばゲリラ戦だ。強者と真っ向勝負したら負けるので、ニッチやスキマ市場に特化して戦うなど、強者がやっていないことに集中する差別化戦略が基本となる。
　強者の戦略は、広域に遠くから確率論的に総合力で戦うのが基本となる。例えば、大きな市場において広告などを使って認知獲得し、提携先や委託先あるいは国や自治体と連携して販売し、新製品やサービスを積極的に投入することで市場そのものの大きさを広げるなど。具体例としては、オール電化住宅の拡大について、機器メーカーやハウスメーカーなどと連携し、自治体からの補助金を受けながら、TVCMなどを使って積極的に推奨することでガスや油から電気に熱源を転換し、電気の市場そのものを広げる活動は、各地域でシェア1位の旧一電が取る戦略として理にかなっている。他業界ではトヨタ自動車が様々なタイプの自動車をフルラインアップで投入するのはその典型で、市場そのものが大きくなれば、確率論的に一番得をするのがシェア1位の強者となる。また、弱者の差別化戦略をいち早く無効化するため、豊富なリソースを活かして競合の策をすばやく真似をし、競合が販売した商品と同じような商品を開発・販売したり、競合以上の広告量で世に打ち出したりするなどのミー

ト戦略(当てる、ミートする作戦)が常套手段となる。
　本書は主に電気事業における旧一電目線で執筆しているため強者の戦略を強調して書いたが、ランチェスター戦略の基本は弱者の戦略で、ネット記事や解説本などではむしろ弱者の戦略の方に多くの紙面を割いていることが多い。
　シェアは企業単位ではなく商品サービスやブランド単位で見るべきなので、旧一電であったとしてもガスなどの電気以外の商品サービスの場合は弱者の戦略が適用される。新電力の方も含め、ランチェスター戦略に興味がある場合は以下参考図書をお勧めする。

【参考図書】
・ランチェスター戦略〈圧倒的に勝つ〉経営(福永雅文著/2022年)
・改訂シンプルマーケティング(森行生著/2006年)

巻末資料 10 電気は財物か現象か

　窃盗罪は、他人の財物をその人の意思に反して自己の占有化に置くことにより成立する犯罪であるが、「財物」は一般的には有体物を想起し解釈に幅がある。よって、刑法245条に「電気はこれを財物とみなす」と明記されているが、わざわざこう記されることになった背景は、明治時代の電気盗用事件にさかのぼる。

　1901年(明治34年)、横浜共同電灯会社の顧客である電気器具商が、商売柄有している知識と技能で屋内配線に別の電線を接続して電気を盗用していた。これを知った横浜共同電灯会社はこの電気器具商を告訴し、横浜地裁は有罪判決を下した。被告の電気器具商はこれを不服とし控訴院(現在の高等裁判所)に控訴。控訴院は「電気はエーテルの振動現象であって有体物ではない」との鑑定書を付して無罪の判決を下した。横浜共同電灯会社は、当然のことながら大審院公判廷(現在の最高裁判所)に上告。1903年(明治36年)、大審院は「電流は人力によって支配することができる。したがって電気は可動性と管理可能性を有し、故に他人の所有する他人所有の電流を不法に奪取する行為は刑法の窃盗罪に当たる」として有罪判決を下した。

　この事件がきっかけで1907年(明治40年)の刑法改正で「電気ハ之ヲ財物ト看做ス」と明文化され、これが今でも適用されている。刑法上においては、有体物であるかどうかではなく、可動と管理ができるものを財物としたということだ。

【情報提供・参考図書】
- 東京電力 電気の史料館　https://www.tepco.co.jp/shiryokan/index-j.html
　※2024年6月現在休館中
- 鬼の血脈「電力人」135年の軌跡(中井修一著/2021年)

巻末資料 11 ｜ **電燈従業員心得**

小川栄次郎　著

電 燈 従 業 員 心 得

社団法人　電気協会刊行

序

　私は、東京市の電気供給事業に携はって要る者であるが、部下従業員をして、其の世の中に於ける立場、其の使命につき、一層深く反省せしむべき必要のあることを痛感し、今年の夏、電燈従業員心得一篇を草し、之に訓諭した。

　其の後、之を伝へ聞いて、其の印刷物の分興を申出でられる向が少くなかったが、余部僅少の為、十分其の希望に副ひ得なかったことを遺憾とした。

　然るに今度幸にして、電気協会の好意が得られたので、之を同会会報上に掲載すると同時に、別に之を小冊子として希望者に頒布する上に便なる様にすることにした。但し一般向きにする為に、原文に多少の手を入れた。本篇が即ち夫である。

　之を一般向きにするについては、一層詳細に、一層懇切に、説述し度いとは思ったが、眼疾の為盲目同様の状態にある私としては、急速に之を実現し得る見込がないので不本意ながら其のままにした。

　素より未熟意を尽くさず、誠にお恥ずかしいものであるが、若し一般の電燈従業員諸君が之に依って同様反省の機を得るならば私の望外の幸福である。

昭和四年十一月
小川　栄次郎

電燈從業員心得

第一章　電燈事業は如何なる事業か

一　電燈事業は電気販売業である

　　電燈事業(厳密に言へば電気供給事業)は如何なる事業か之に就ては色々の見方があるが、現に此の事業に従事して居る吾々の立場からしては此の事業は電気(或る場合には光)と云ふ日用品を商ふ商売である、と見ることが最も適当であり、又極く大切なことなのである。斯の様に見れば、吾々の事務所は其の店舗であり、吾々は其の番頭、丁稚等の店員であり、需用家は御得意様に他ならぬのである。又

　　　　良い品を安く
　　　　勘定書は正確で且つ遅れない様に
　　　　注文に対しては速に捌きをつける
　　　　御得意様には親切丁寧

と云うことが、一般の商売に取って極めて大切なことであると同様に、吾々の商売に取っても亦極めて大切なのである。

二　他の商売と異なった点

　　電燈事業を商売であると云っても普通の商売とは可なり異なった点がある。それは

　(イ)不断の配達を要すること

　　　電気と云ふ品物は御得意様が使ふ所迄一々之を配達しなければならない、又買溜めをすることが出来ない。夫れ故御得意様がそれを使ふ時間中は時々刻々絶え間なく配達を続けて行かなければならないものである。所謂停電や休電なるものは、この配達が中止されることであって、御得意様の迷惑になることは申す迄もない。この配達が何時も満足で、而して何時も適当な圧力で電気が出る様になることが、電気の品質が良いと云ふことになるのである

　(ロ)配達用具に莫大の資本金を要すること

　　　電気の配達には配達用具として所謂電線路なるものを要する、この配達用具には莫大の費用を要するもので、この商売の資本金の大部分は之に使はれるのである、その遣り方の良い悪いは経済の上に大なる影響を及ぼし、又其の取扱の良い悪いは直ちに電気の品質に関係するものである

　(ハ)品物の取扱に知識と注意とを要すること

　　　電気はその取扱に相当の知識と注意とを要する。之れを欠けば色々の事故が起り易いものである。自らの取扱に誤りない様にすべきは勿論、御得意様にも誤りない様に常に之を啓発し指導し注意せしめることが肝要である

(ニ)配達用具は道路に据置にされること
　この配達用具は通例道路の地上若くは地下に据置きにされるのである、外に方法がないので其の様に道路を使はして貰ふのである。此が為めに、道路管理者、警察官署等の厄介になるばかりでなく一般の交通にも可なりの妨害を与へる機会が多いものである。尚又それに依つて運搬する電気は其の管理を十分にしないと危険を起し易いものである。此等のことに就ては更に後の章に於て述べるが吾々は当局者に手数を掛けたり、一般の通行に妨害を興へたりすることが成るべく少くて済む様に、而して事故や危険の起らぬ様に常に十分の注意をしなければならない
(ホ)仕事の仕組が大仕掛になること
　この商売は大仕掛にする程商売が甘く行く傾向を有つて居り、事実会社なり市なりに依つて大仕掛に経営される場合が多い。其の結果仕事の上で敏活を欠く様なことが起り易い、個人経営の商売に於けるが如く敏活に仕事を捗どらせる様にする為には、非常な努力と戒心とを要するものである。此はこの種の商売に付き纏ひ易い一つの弊害である。殊に市がこの商売をやる場合には会社がやる場合に比べて一層この弊害が起り易い、所謂御役所仕事と悪口を言はれるのも一部は此所に原因して居る。これに従事する者の努力と戒心とに依つて少しでもこの弊害を少くする様に心懸けなければならぬ
(ヘ)独占の性質を多分に持って居ること
　この商売の性質上、自由競争をしては商売が成り立たないことになる、従って政府の監督の下に商売を独占するのが例である。その結果として所謂独占横暴の弊害が起り易く、商売に従事する者の奮発心が麻ひし易い。品物を買つて貰ふのではなく売つて遣るのだと云ふ気分に知らず識らずの間になり易い。さうなってはよろしくないこと勿論で、特に十分の戒心を要する所である。
(ト)公益事業の性質を多分に持って居ること
　普通の商売では、儲けられる時には幾何でも儲けるとか、商品の値段を勝手に上下するとか、又人に依って商品の値段を変へる様なことをしても、それは自由であると考へられて居るが、この商売では、斯の様な自由は余り認められて居ないのである。相当の儲けを挙げることを考へることは差支ないが、それと同時に御得意様や世の中の人の利便をも亦相当に尊重しなければならぬ様に考へられて居るのである。殊に市の経営の場合には、その儲けは資本金の元利金の済崩と配達用具其の他の設備が古くなって使へなくなった時取替へる場合の費用の積立とが、出来ることを以て限度として居り、それ以上の余裕がある場合には市民若くは御得意様の利便の増進の方に之を振向けなければならぬ様に期待されて居るのである。又我が国の様に水力を主なる電源とする場合に於ては、事業者はその天然資材の開発利用に関する権能を国家から委託されて居ると云ふ意味合もある様に考へられるのである。

(チ)商売上の進捗が著しいこと
　　電気利用の進歩は可なり著しいものである。従って商売上の技術のことは勿論、事務のことでも常に進歩に遅れない様に心懸けることが肝要である、即ち
　　　之に従事する者はその商売の道に何時も明くある様に平生勉強することが大切である
　　以上の様にこの事業は普通の商売に比べて異なった点を多分に持って居るが、それは事業経営上一層の努力と戒心とを要する点を多分に持って居ると云ふに止まり、この事業が電気販売業であり、客商売であると云ふことについては何等変りはないのである
　　この事業に従事する者は先づこの事を十分理解することが大切である

　　　　　第二章　電燈事業に於ける公務と協力

一　公務と公人
　諸君が会社なり市なりに於て業務に従事する間は、その業務は公務であり諸君は公人である。公人としては諸君は夫々その地位に相当した職責や権能や信用を有し、会社なり市なりの片割れであり、其の延長であり、又或る意味に於ては其の代表者でもある。会社なり市なるものは諸君を別にして存在して居ないのである。諸君が勉強することは会社なり市なりが勉強することであり、諸君が放らつであることは会社なり市なりが放らつであると云ふことになるのである。諸君が御得意様その他に対してする仕事の良い悪いは諸君が御得意様其の他に対して直接に責任を負ふべきものではなく、其の責任は会社なり市なりが負ふべきものであって、諸君はたゞその上長に対して責任を負ふまでゞある
公務の執行については
(イ)規律を厳守すること
(ロ)電燈事業の性質と自己の職務の性質とを十分理解すること
(ハ)公務と私用との区別をはっきりつけること
　が大切である。この(イ)及(ロ)については別に説明を要すまい。(ハ)の公私の区別をつけることは末の末迄考へれば余程六ヶ敷い場合もあらうが、勉めて之を区別することに心懸けなければならぬ。公用のものはたとひ紙一枚でも私用に使ってはならないものである、時間其の他についても亦同様である
二　電燈事業に於ける協力
　この事業に於ける日々の業務は御得意様の申込みに応じて適当に配達用具を整へて、電気の配達をなし、適当な締切日毎に売掛金を頂戴することにあるが、其の内容は極めて複雑したもので、色々の任務を有する多数の人で執行せられて居るのである。或はペンチを握る者あり、或は鶴はしを振ふ者であり、或は配電盤をにらむ者あり、或はペンを走らせ

る者あり、或は算盤を弾く者あり、或は第一線に立つ者あり、或は後方で勤務する者あり、或は屋内で働く者あり、或は屋外で働く者もある。此等多数の人々の努力は融合統一せられて、恰も一人の人の活動の如く御得意様其の他の満足を買ふと云ふ同一の目的の方に押向けられて行かなければならぬ。若しこの趣旨に反する者が有ったならばどうであるか。例へば一人の検針者が或る御得意様の検針をする際に、3の字を8の字に見誤ったとしたならば、其の結果はどうなるであらうか、誤った報告に基いて作成せられた勘定書は色々の掛の手を経て集金者の手に渡され、集金者は夫れを持って御得意様を訪問し、先方から剣突を食ひ、其のことを帰って来てから逆に之を検針の掛に報告し、更に調査をやり直して新しい勘定書を作成した後でなければ勘定を貰ふことは出来ないのである。単に数字一つの見誤りが斯様に大勢の人々に手数を掛け、御得意様の感情を害し、其の上取れる勘定もとれなくなる様にならぬとも限らない。此の様な検針者であったならば寧ろ仕事をして呉れない方がよいと云ふことになる。検針者に限らず一人の一寸した間違ひが其の様に多数の人に迷惑を掛けるのである。分科が盛になればなる程其の様なことの結果は大きくなるものであり、従って協力に対する確固たる意識を益々多く要するのである。

この事業に於ける協力の根本要素は

(イ)自己当面の任務は必ず責任を以て成し遂げること

(ロ)同僚や他の掛の担当者と緊密なる連絡を保つこと

等である。自己当面の任務を責任を以て遂行すべきであると云ふことは勿論であるが、それには同僚若くは他の掛の担当者の仕事の仕振其の他の状況によく通じて居る様にしなければ完全なる仕事の遂行は望み難いことである。例へば集金の為めに御得意様を訪問する者が、自分に渡された勘定書に依って何等の事故もなく全部の料金を受取ることが出来たならば、完全に職務を果したと云うてもよからうが、若し自己当面の任務にのみ力を注ぐ余り、御得意様を怒らせたり、或は勘定書に誤りあるを発見せるにも拘らず、強て其の勘定書で集金しやうとする如きことがあれば、其の任務の遂行は完全とは謂へないのである。御得意様を怒らせることもなく、又誤った勘定書を訂正する手続を済ましてから更に出直す様にして、全部の集金を終ったとしたならば、其の時始めて任務の遂行が完全であると謂ふてよからう。集金者としては大体その御得意様にどんな検針者が訪問するか、又担任の出張所の者が何んな仕事をして居るか、位の事を承知して居ないと、任務の完全な遂行は困難になるであらう、この事は、どんな任務を持った者に就ても同様である、此は即ち協力の要儀に副はないものである。

上述の通りの協力の心を以て各自が他の仕事の担任者と適当に連絡を取った上で自己当面の任務を果す様に努力することは是非必要なことである。

第三章　御得意様には

御得意様に対しては親切丁寧でなければならぬことは前にも述べて置いたが、吾々は日々自分の仕事の仕振が、この趣旨に叶って居るか否かを顧みることが大切である。それに就ては立場を替へて御得意様の立場から自分達の仕事の仕振を判断して見ることが極めて有益である。又他の電燈会社や、瓦斯会社や、水道業者や、郵便局や、電話局などの人々の仕事の仕振と比較して見ることも亦有益なことである。ここに常に御得意様に接触して仕事をする諸君の為めに心得となるべき事項を挙げる。

(イ)御客様が店に来た場合には成るべく速に且つ気持ちよく用が足せる様にすること。
　　御客様が店に来た時は直ぐ之に応接して丁寧に取扱ひ御客様が気持よく用を足せる様にしなければならぬ。御客様を放って置て掛の者が雑談に耽けったり、又店の片隅の方で誰かゞ生欠伸をしたりする様なことがあってはならぬ

(ロ)電気の申込みについては御客様に成るべく手数を懸けさせぬこと
　　電気の申込手続は煩雑なもので御客様から見れば却々面倒なものである。これ等の手続は御客様の為と云ふよりもむしろこちらの整理の為めの手続であるからよく御客様に説明し、書式などは用紙を渡して遣るばかりでなく、こちらで夫々の記入をして御客様に捺印だけをして貰ふ位にする様にしたい

(ハ)御客様の注文に対しては成るべく其の叶へられる大凡の時期を告げること
　　御客様から色々の注文を受けた場合に、其の注文を単に受付けると云ふばかりで、何日頃其の用件が叶へられるものかを告げられなかったならば、御客様は頼りない思ひをしたり、或は色々の不都合を感じたりすることであらう。
　　注文の種類に従ひ成るべく大凡の時期を告げる様にしなければならぬ。又其の時期に就て特別の申出があれば成るべく其の申出に応ずる様にしなければならぬ

(ニ)言葉遣ははっきりと気持よく
　　言葉は自己の意思を表示するものであるから、言葉遣は先づはっきりしなければならぬ、又御客様に不快な感じを興えぬ様にしなければならぬ、言葉一つの違でとんでもない間違ひを惹き起して御客様の感情を害したり、仕事の進捗を妨げたりする様なことがないとも限らぬものであるから、十分注意しなければならぬ。

(ホ)電話の応対は特に丁寧に
　　電話で応対する場合は相手方の顔が分らないから、特に注意して丁寧に話さなければならぬ、同じことを言ふにも下手に遣ると御客様を怒らせたりすることがあるから、余程注意して話さなければならぬ。たとひ事務用で同僚と話をする場合でも粗雑な言葉遣をすると傍で聴て居る人にも不快の感を興へるものである

(ヘ)服装身の廻りはきちんと

服装は人の精神の現はれであるから何時もきちんとしなければならない、服制のあるものは必ず之を着用しなければならぬ。だらしのない格好をして居れば其の人がだらしがないばかりでなく結局会社なり市なりがだらしがないことゝなるのであるから注意しなければならぬ

身の廻りもきちんとし髪の刈方爪の摘方に迄も注意し、不快の感じを御客様に興へぬ様にしなければならぬ

(ト) 態度、物ごし柔かに

商売の上で御得意様が大切であることは言ふ迄もないが、御得意様に接する場合には、この大切な御得意様に接して居ると云ふ気持が十分現はれる様に、丁寧で腰が低くなければならぬ

(チ) 世辞、愛嬌もよい程に

御得意様におべっかを使ふ必要はないけれ共、所謂愛嬌と云ふものは多少あった方がよい。之は親密の感じを興へさせるもので商売には或る程度迄必要なものである。此もどちらかと云ふと自然のものであって作られるものではないが、自然に出る様に努められ度い、然し其の度を過してはならぬこと勿論である

(リ) 御用は勝手口から

御得意様から見れば米屋も電気屋も同じである、電気屋の方でも勝手口から御用を聞かねばならぬ。お勝手口がない様場合、若くはお勝手口から入るのに工合の悪い時、又は先方から特に申出があった場合には他の出入口から這入っても差支ない

(ヌ) 訪問の際の挨拶

御得様を訪問した時には、第一に用向きをはっきりと告げなければならぬ。例へば『電燈会社です、電気料を頂載に上がりました』。『電燈会社です、お差支なかったら電気の試験をさせて頂きます』と云ふ様に。又用向きが済んで帰る時にも相当の挨拶をしなければならぬ。例へば『誠に有り難うございました、左様なら』。『どうもお邪魔様でした』と云ふ様に

(ル) 訪問の際の作法

御得意様を訪問した場合には、帽子や外套雨具を脱ぐこと、簡単な用向きの場合には外套は脱がなくともよろしい、但し其の時には『着たままで失礼致します』と云ふ様に一寸挨拶しなければならぬ

(ヲ) 屋内に入る場合の注意

例へば内線検査などの場合に、御得意様を訪問した者が屋内に入る場合には、必ず先方の承諾を受くる様にすること、尚必要があると思へば立会って貰ふ様にすることが必要である。人の住居と云ふものは可なり複雑であり、又他人が室内に這入るのを嫌ふ場合が少くないのである。例へば病人があったり、来客があったり、又一階と二階とが世帯が違ったり、お客に来た者が一寸居留守をしたりする様な事は往々あるので

ある。従って屋内に入る場合には、余程細心の注意を要するものである。それで家人の承諾を得ることが第一の必要であり、又其の家の状態に依っては家人に同行して貰ふ必要が往々ある。さうしないと家人から怒られたり、或はとんでもない嫌疑を受けたりすることがあり勝である。主人なり主婦なりが留守で子供か女中ばかりの様な場合には特に注意をしなければならぬ

(ワ) 屋内に於ける工事若くは作業の際の注意

工事若くは作業を為す場合には、先方の雑作や器物や庭樹などを傷めたり汚したりしない様に十分注意をしなければならぬ。綺麗な壁に指跡をつけるとか、障子紙を一寸破ると云ふ様なことは何でもない様であるが、先方から見れば誠に厭なものであるから、さう云ふことのない様に十分用意もし注意もしなければならぬ。又仕事の為に取乱した跡は綺麗に掃除をして帰らねばならぬ。尚誤って先方の雑作や器物などを破損した様な場合には先方にお詫びすることは勿論、帰所した上に上長に報告して其の指図を受けることが必要である。又必要もないのに先方の器物などに手を触れる様なことも禁物である

(カ) 先方の器物を借りた場合

御得意様に行って工事若くは作業を為す場合に、踏台とか梯子等を借りた方が都合がよい場合にはよく先方に断って之を借受け用を弁じた後は元の如く始末をして『誠に有り難うございました』と云ふ様に挨拶すること

(ヨ) 御得意様訪問の際申出ありたるものゝ取次方

御得意様から何か申出があった場合には確実に之を上長なり或は担任者なりに取次がなければならぬ。その用向きに依っては十分に説明もし、尚『帰りましてから其の方の掛に申伝へます』と云ふ風にさばきを付けなければならぬ、『掛が違ひますから分りません』と云ふ様な事は成るべくない様にしなければならぬ

(タ) 御得意様から厚意を受けた場合

御得意様を訪問した際に、或はお茶を出して呉れたり、或は氷水を出して呉れたりする様なことが時に依るとあるかも知れぬ。先方から物を貰ふことは為すべきことでないけれども、御得意様としては単なる厚意から夫れ等を勧め、強て之を固辞すると却て先方の気を悪くさせる様な場合がないとも限るまい、さういふ時には其の厚意を受けてもよろしい。然し常識で考へて度を越したり、不純なものはたとひ僅なものでも断然辞退しなければならぬ。厚意を受けた場合には帰所の上必ず上長に報告しなければならぬ。又急に病気になって先方の厄介になった様な場合にも同様にすべきである

(レ) 電気工作物の故障を発見した場合

たとひ当面の責任者でなくとも、引込線其の他の電気工作物が破損したり、或は他のものが接触したりして、危険の処ある箇所を発見した様な場合には、帰ってから上長

なり或は担任者なりに之を報告することが必要である
- (ソ) 臨機応変の処置

    御得意様訪問を常務とする者は、技術と事務とを問わず、又自分の任務と任務でないとに拘らず、不慮の出来事に際して会社なり市なりとして応急処置をしなければならぬことに遭遇した場合には、独断を以て出来るだけのことをする様に心懸けなければならぬ。この場合に処置した事は委細を上長に報告すべきである。
- (ツ) 約束外電気使用の疑ある者を発見した場合の態度

    先方で約束以外に電気を使った疑ある場合には、之を取調べることはよろしいが、其の際警察官が犯罪被疑者を訊問するが如き態度は決して取ってはならぬ

以上の他に注意すべきことは沢山あるが、それ等は各自が常識を以て判断しなければならぬ

第四章　電燈事業と公安

この商売では其の努力が御得意様の満足を買ふのに十分なものでなければならぬ事は既に述べた通りであるが、其の努力は更に公安と謂ふ方面にも十分払はれなければならぬ。今其の点に就ての要項を述べる

- (イ) 停電と公安

    所謂停電なるものはこの商売に於ける商品の配達の中絶を意味するものであって其の都度御得意様に大なる迷惑を与えるものであることは、既に述べた通りであるが、若し広い区域に亘って同時に停電が起ったとしたならば、其の結果として社会の秩序維持の上に大なる支障を来さないとも限らないのである。実際スヰッチ一つの故障が東京全市を暗黒にする様なことがないとも意へない。人の生活なり、産業なりが、電気の効用に広く深く頼って居る今の世の中に於て、若し斯様な事故があったとしたならば、其の結果はどうなるであらうかと云ふことは、誰にも想像することが出来るであらう。この商売に従事する者は電線の接続一ッするにしても、或はスヰッチ一つ掃除するにしても思を是に致しながら、其の仕事に努めなければならんのである
- (ロ) 道路の占用

    電気と謂ふ商品の配達用具である電線路は、架空式若しは地中式で道路の地上又は地中に据置にされるのが常態であるが、道路は本来人車馬等の交通の為めに出来て居るものであって、斯う云ふ据置式のものを置くのは道路本来の効用を妨げない限度に於て許して貰って居るのであり、外に方法がなく已むを得ずさうなって居るのである。従ってそれ等のものを道路に置くとしても、出来る丈外のものの妨害にならぬ様にしなければならず、又其等のもの、工事に際しては交通の妨害を少くする様に、其の範囲も少く、時間も短くする様にしなければならないのである。其の方面の仕事に従事

195

する者は道路管理者、警察官署若くは通行者の立場に立って、自分の仕事を振返って見ることがたいせつである

(ハ)電線路の管理

電線路に依て運搬する電気なる品物は取扱上注意を要するもので、電線路の管理が不十分であると、色々の危険や事故を起して公衆其の他に迷惑を与へることになる。架空線にしても、地中線にしても、屋内線にしても、其の管理を十分にしなければならぬ。其等の電気工作物が危険状態にある場合は其の部分に送電しては相ならぬのである、尚街路に於ける此等工作物は動もすれば都市の美観を損し易いものであるから、其の見地からしても相当の注意を要するものである

(ニ)出火、暴風等の際の処置

出火、暴風其の他の変災に際しては、電線路に送電してあると、消防係員、公衆等に危険の加はる処があるから、其の場合には直ちに出動して適当に送電を遮断して危険のない様にしなければならぬ。この事に就ては電気事業施行規則に規定がある、但しこの規定は架空電線路のみについてゝあるが、地中電線路についても同様の精神で処置することが必要である

尚其の如き変災に当っては、其の付近に居合せた者は、たとひ勤務時間外でも、当面の係員に協力する様にありたい

(ホ)燈火管制

戦争若くは事変に際し、敵の航空機が爆撃の目的を以て都市其の他重要地域に夜間襲来することは想像に難くない所である。この様な際には敵に目標を与へぬ様にする事が極めて肝要である。其の為には都市其の他の燈火を敵に見えぬ様にしなければならない。事実上燈火の一手販売業者である電燈事業者は、その目的の為に軍部と適当に連絡を取って、燈火の点滅、即ち燈火の管制を迅速に実施し得る様に平素から用意することが必要である

(完)

あとがき

　私は電力マーケティングマニアなのだと思う。オタクといってもいい。長年電力会社に勤めているが、私以上にマーケティングにこだわり、熱を持っている人に会ったことがない。マーケティングが好きで、推しであり、ファンなので、正直申し上げると会社のためにというよりも、一個人として楽しんでいる感が強い。

　そんなマニアの本に、よくぞ最後までお付き合いいただいた。最後まで読んでいただいて本当に感謝申し上げたい。

　巻末資料1のイノベーター理論にある通り、電力会社の中でマーケティングが浸透するかどうかはアーリーアダプターにかかっている。ただし、現時点で本書を最後まで読んでしまうようなみなさんはイノベーター（変わり者）だろう。電力会社のマーケティングマニアとして一緒に楽しめたら幸いだ。我々のようなマニアが増えていけば、どこかのタイミングでアーリーアダプターの目に留まり「このトレンドに乗らなければ」と思ってもらえるはずだ。

　マーケティングのセオリーとして、あるいはマニアにありがちな傾向として、本書はかなり領域をフォーカスし、ターゲットを絞っている。電力会社のマーケティングというだけでかなりニッチであるが、目線は旧一電で、4Pのうちプロモーションとプレイスに絞り、すなわち電気の小売事業者が対象で、さらにほぼ家庭用市場を見据えている。

　かなりフォーカスしている分、マーケティングの全体を語るには本書に足りていないことが多々ある。今後それらが補強・修正されることを願ってやまない。補強・修正するのが私自身なのか、他の誰かなのかはわからないが、その可能性に少しでもすがれるようできるだけ本質的・体系的な本としたつもりだ。

　自分の好きなことを誰にも邪魔されずに思う存分表現する本の執筆というのは、存外に楽しいものであった。本書が書きあがってしまうのが少々残念で寂しくすらある。こんなに楽しんだうえに、誰かの手によるさらなるバージョンアップを望むのは、さすがに高望みしすぎる気もする。まずは異論反論も含めた反応を楽しみにしたい。

　もし反応がなければ、また引き続き楽しみながら、あがき続ければいい。

謝辞

　本書は様々な方のご指導・ご協力・アドバイスがあって完成させることができました。
　辰井さん、荒木さん、松村さん、大久保さん、オーディーエスと東京電力でみなさまの厳しくも温かいご指導があって私のビジネスマンとしての礎が築かれました。
　小平さん、あなたが論文で取り上げた異端児は結局こういうことになりました。
　嶋さん、お互いに本を出すという約束、あなたは早々に実現されましたが、私は20年近くかけてやっと実現できました。
　西村さん、巽さん、村井さん、四方さん、木村さん、淀川さん、専門家としてのみなさまの的確なアドバイスと応援は、極めて、非常に、たいへんありがたいものでした。
　狩野さんのおかげで小林一三に着目することができ、素晴らしい新たな発見とともに、主張に歴史的な厚みを持たせることができました。
　佐藤さん、山崎さん、個人としての出版容認、感謝しかありません。
　間宮さん、古島さん、森山さん、宮島さん、藤田さん、秋田さん、各種手続き・出版社紹介・内容確認、みなさまのご協力がなければ本書は存在しませんでした。
　三浦さん、世の中で最初に本書の価値を見いだしたのはあなたです。
　約300名×2回の電力マーケティング研修受講者、それに新入社員の皆さん、本当に出版することができました。研修を通じ、実は私が一番勉強させてもらいました。
　DX推進室とお客さま営業部のみなさま、陰に日向にみなさまの応援を感じていました。とくに大塚さんにはママ代行ミルク屋さんのことを教えてもらいました。
　D&C学会・平井会・えびしんの会のみなさま、大変お待たせいたしました。会員のみなさま特に諸先輩方のご指導、いつも身に染みております。
　最所さんが出版担当者で本当に良かったです。出版初心者の私をやさしく・辛抱強く適切に導いていただきました。

　そして家族へ。お礼を申し上げた上記の方々には大変恐縮ながら、あなたたちの温かな見守りは、実は何にも増して私の力になりました。ありがとう。

2024年6月
子供たちの絵に囲まれた自室にて
高橋徹

[索引]

あ

- アーカー，デヴィット・A …… 18,72,109
- アーリーアダプター …………………… 161
- アーリーマジョリティ ………………… 161
- 商いの品 ……………………………………… 69
- 上げDR ……………………………………… 169
- アジャイル開発 ……………………………… 88
- アップセル …………………………………… 31
- アンケート調査 ……………………………… 51
- 石井淳蔵 …………………………………… 107
- 一次的機能 ………………………………… 136
- 1：5の法則 …………………………………… 31
- イノベーター理論 ……………………… 20,161
- イメージ価値 ……………………………… 64,67
- イノベータ ………………………………… 161
- ウォーターフォール開発 …………………… 88
- エクストリームユーザー …………………… 85
- エジソン ………………………………… 24,166
- エスノグラフィ ………………………… 52,85
- エネカリプラス ………………………… 73,174
- エネルギーコスト ……………………… 64,67
- エンドユーザー営業 ………………………… 54
- おひさまエコキュート …………………… 174
- オムニチャネル …………………………… 105
- おやすみたまご本舗 ………………………… 84

か

- 会場テスト …………………………………… 52
- 外部関係 ………………………………… 42,43

- 花王 …………………………………… 57,177
- カスタマー・エクスペリエンス ………… 35
- カスタマージャーニー …………………… 101
- 家族ペルソナ ……………………………… 173
- 価値 ……………………………………… 17,64
- 価値向上領域 ………………………………… 71
- カールソン，ヤン ………………………… 116
- キーパーソン ………………………………… 41
- 機器制御型DR …………………………… 169
- 機能的価値 ……………………………… 18,110
- 基本的価値 ……………………………… 65,79
- 逆ザヤ回避 ………………………………… 168
- 旧一般電気事業者(旧一電) ………………… 30
- 強者最低シェア …………………………… 183
- 強者の戦略 ………………………………… 184
- ギルモア，J・H …………………………… 81
- 金銭的コスト …………………………… 64,66
- クープマン，バーナード ………………… 183
- クープマンの目標値 ……………………… 183
- グッズ・ドミナント・ロジック …… 122
- グループインタビュー ……………………… 52
- クロスセル …………………………………… 31
- 経験品質 …………………………………… 124
- 契約データ ……………………………… 47,48
- コアプロダクト ………………………… 70,79
- 高圧的マーケティング …………………… 113
- 後期追随層 ………………………………… 161
- 広告 ………………………………………… 100
- 行動観察調査 …………………………… 52,85
- 行動データ ……………………………… 47,49

行動誘発型DR	169	市場影響シェア	184
顧客獲得コスト	33	市場存在シェア	184
顧客関係管理	31	市場認知シェア	184
顧客生涯価値	31	失注抑止	29
顧客体験価値	35,79	弱者の戦略	184
顧客体験管理	33	首位安定シェア	183
5大接点	97,142	集客・店舗	98
コト消費	122	従業員価値	64
コトラー，フィリップ	13,64	重要業績評価指標	28
小林一三	74,91,113,133,144	重要目標達成指標	28
小林栄次郎	152	需給逼迫回避	168
コミュニケーション	95,106	シュミット，バーンド・H	81
コミュニティ	42	純顧客価値	64
コンセプト	20,62,89	純粋想起	184
コントロール	15	情緒的価値	18,110
		商品	69,70,79

さ

		助成想起	184
サービス	95,116,119	新規獲得	29
サービス・クオリティ・ギャップ	128	シングルソースデータ	49,102
サービス・ドミナント・ロジック	122	真実の瞬間	114,116,118
サービス・マーケティング	22,113	新電力	30
サービス価値	64,67	信頼品質	124
サーブクオルモデル	126	心理データ	47,49
ザイタルム	126	心理的コスト	64,67
下げDR	169	衰退期	160
サブスクリプション	122	スカンジナビア航空	116
サブユーザー・ターゲット	54	スコアリング	103
サブユーザー営業	54	成熟期	160
三電競争	24,164	生成系AI	140
サントリー	57,175	生体反応調査	52
時間的コスト	64,67	成長期	160
自己実現的価値	18,110	製品	69

製品価値	64,66	デザイン思考	82,87,131
セールス・ターゲット	54	デジタル（接点）	98
セグメンテーション	15,50	デプスインタビュー	52,85
節電	168	電燈従業員心得	153,187
接点対応価値	64,67	電力戦	24,164
前期追随層	161	電力統制	165
先駆層	161	電力マーケティングの特徴	21
セントラルロケーションテスト	52	東京電燈	24,165
総顧客価値	64	統合型マーケティング・コミュニケーション	20
総顧客価値コスト	64	導入期	160
属性データ	47,48	独占上限シェア	183
		ドラッカー, ピーター・F	12

た

ターゲット	54
ターゲティング	15,40
第3のコミュニティ	45
対人アプローチ	48
対物アプローチ	48
ダイレクトマーケティグ	98
田岡信夫	183
多元的自己	172
タッチポイント	94,96
探索品質	124
遅滞層	161
チャネル	16,94
調査モデレータ	53
低圧的マーケティング	113
提供価値	61
定性調査	52
定量調査	51
ディーン, ジョエル	160
データの民主化	103

な

内部関係	42
2次データ調査	52
二次的機能	136
人間中心の思考	84
ネット調査	51

は

バーゴ, スティーブン	122
パインⅡ, B・J	81
橋渡し層	161
パブリック・リレーションズ	100
パラスラマン	126
ピーター・F・ドラッカー	12
ビジネスゴール	28
ファインディング	171
フォード, ヘンリー	166
付加的価値	65,67,79

付加的サービス……………………70,79	マーケティングミックス……………… 20
福澤桃介………………………………… 74	マーケティング目標…………………… 28
覆面調査………………………………… 52	マインドセット………………………… 86
プライス…………………………… 15,16	マス広告………………………………… 98
ブラックアウト……………………… 168	松永安左エ門…………………………… 74
ブラックショウ，ピート…………… 118	ママ代行ミルク屋さん………………… 84
ブランド………………………………… 18	ミート戦略…………………………… 184
ブランド・アイデンティティ………… 18	ミステリーショッパー………………… 52
ブランド・イメージ…………………… 18	森永製菓…………………………… 57,176
ブランド・ターゲット…………… 54,170	
ブランドがもたらす価値の3分類…… 18	**や**
プレイス…………………………… 15,16	ユースケース…………………………… 90
ブレーンストーミング………… 106,109	郵送調査………………………………… 52
フレデリック・W・ランチェスター… 183	
プロダクト………………………… 15,16	**ら**
プロダクト・ライフサイクル…… 20,160	ライオン…………………………… 57,178
プロモーション…………………… 15,16	ライクヘルド，フレッド……………… 35
並列上位シェア……………………… 183	ラガード……………………………… 161
ベネフィット…………………… 19,70	ラッシュ，ロバート………………… 122
ベリー………………………………… 126	ラフリー，アラン…………………… 118
ペルソナ………………………………… 54	ランチェスター戦略……………… 96,183
訪問接点………………………………… 98	リーンスタートアップ………………… 87
ホームユーステスト…………………… 52	リサーチ………………………………… 14
ポジショニング…………………… 15,61	レイトマジョリティ………………… 161
	レコメンド…………………………… 101
ま	レビット，セオドア…………… 13,144,166
マーケティング…………………… 12,21	ロジャース，エベレット・A ……… 161
マーケティング・プロセス……… 14,20	
マーケティング1.0〜4.0……………… 37	**わ**
マーケティング5.0……………………… 38	ワークマンプラス……………………… 62
マーケティング近視眼……………… 166	
マーケティングファネル……………… 50	

A
AI ································ 140
ARPU ···························· 31

C
CAC ······························ 33
ChatGPT ······················· 140
CLT ······························ 52
CRM ··························· 31,33
CX ··························· 35,78,80
CXM ······························ 33

D
DR ··························· 35,168

F
FMOT ···························· 118

G
G-DL ···························· 122
Google ·························· 118

H
HOW ··························· 17,94
HUT ······························ 52

I
IMC ······························ 20

K
KGI ······························· 28

K(KPI)
KPI ······························ 28

L
LTV ······························ 31

N
NPS ······························ 35

O
O2O ···························· 105
OMO ························· 105,142
OpenAI ························· 140

P
PLC ···························· 160
PPA ························· 72,174
PR ··························· 98,100
P&G ···························· 118

S
SAS ···························· 116
S-DL ···························· 122
SERVQUALモデル ··············· 126
SMOT ···························· 118
STP ······························ 14
Switch!キャンペーン ············· 150

T
TMOT ···························· 118
T型フォード ·················· 25,166

U
UI ……………………………………… 80
UX ……………………………………… 80

V
VUCA …………………………………… 86

W
WHAT ………………………………… 17,61
WHO ………………………………… 17,40
WHO-WHAT-HOW ……………………… 17

Z
ZMOT ………………………………… 118
Z世代 ………………………………… 172

［参考図書・論文一覧］

<電力・エネルギー業界>
- 小川栄次郎／著『電燈従業員心得』1929年、電気協会
- 青木幸弘、西村陽／著『電力のマーケティングとブランド戦略』2003年、日本電気協会新聞部
- 竹内純子／編著『エネルギー産業の2050年 Utility3.0へのゲームチェンジ』2017年、日本経済新聞出版
- 公益事業学会／編『公益事業の変容 持続可能性を超えて』2020年、関西学院大学出版会
- 竹内純子／編著『エネルギー産業2030への戦略 Utility3.0を実装する』2021年、日本経済新聞出版
- 中井修一／著『鬼の血脈 「電力人」135年の軌跡』2021年、エネルギーフォーラム
- 巽直樹／編著『まるわかり電力デジタル革命 EvolutionPro』2021年、日本電気協会新聞部

<歴史・小林一三>
- 薄井和夫著『アメリカ・マーケティング史研究 マーケティング管理論の形成基盤』1999年、大月書店
- 水木楊／著『爽やかなる熱情 電力王・松永安左エ門の生涯』2000年、日本経済新聞出版
- 森田克徳／著『日本マーケティング史 生成・進展・変革の軌跡』2007年、慶應義塾大学出版会
- 小林一三／著『逸翁自叙伝 阪急創業者・小林一三の回想』2016年、講談社（講談社学術文庫）
- 鹿島茂／著『日本が生んだ偉大なる経営イノベーター 小林一三』2018年、中央公論新社
- 堀越比呂志『アメリカ・マーケティング研究史15講 対象と方法の変遷』2022年、慶應義塾大学出版会

<コミュニティ>
- 広井良典／著『コミュニティを問いなおす―つながり・都市・日本社会の未来』2009年、筑摩書房（ちくま新書）
- 宮副謙司／編著『青山企業に学ぶコミュニティ型マーケティング』2022年、中央経済社

<戦略・マネジメント>
- Ｐ・Ｆ・ドラッカー／著『マネジメント【エッセンシャル版】―基本と原則』2001年、ダイヤモンド社
- ジェフリー・ムーア／著『ライフサイクル イノベーション 成熟市場＋コモディティ化に効く14のイノベーション』2006年、翔泳社
- 石井淳蔵／著『ビジネス・インサイト 創造の知とは何か』2009年、岩波書店（岩波新書）
- Ａ・Ｇ・ラフリー、ラム・チャラン／著『ゲームの変革者 イノベーションで収益を伸ばす』2009年、日本経済新聞出版
- 楠木建／著『優れた戦略の条件』2010年、東洋経済新報社
- 福永雅文／著『ランチェスター戦略〈圧倒的に勝つ〉経営』2022年、日本実業出版社

<デジタル・DX>
- 牧田幸裕／著『デジタルマーケティングの教科書 5つの進化とフレームワーク』2017年、東洋経済新報社
- 江端浩人／著『マーケティング視点のDX』2020年、日経BP
- フィリップ・コトラー、ヘルマワン・カルタジャヤ、イワン・セティアワン／著『コトラーのマーケティング5.0 デジタル・テクノロジー時代の革新戦略』2022年、朝日新聞出版

<ブランド>
- デービッド・アーカー／著『ブランド論　無形の差別化をつくる20の基本原則』2014年、ダイヤモンド社
- 田中洋／編『デジタル時代のブランド戦略 Brand Strategy in the Digital Age』2023年、有斐閣

<CX・デザイン>
- ティム・ブラウン『IDEO：デザイン・シンキング』DIAMONDハーバード・ビジネス・レビュー 2008年12月号、ダイヤモンド社
- ティム・ブラウン、ロジャー・マーティン『IDEO流 実行する組織のつくり方』DIAMONDハーバード・ビジネス・レビュー 2016年4月号、ダイヤモンド社
- ハーバード・ビジネス・レビュー編集部／編『ハーバード・ビジネス・レビュー　デザインシンキング論文ベスト10 デザイン思考の教科書』2020年、ダイヤモンド社
- 廣田章光、布施匡章／編著『DX 時代のサービスデザイン「意味」の力で新たなビジネスを作り出す』2021年、丸善出版
- ベイカレント・コンサルティング／企画『感動CX　日本企業に向けた「10の新戦略」と「7つの道標」』2022年、東洋経済新報社
- 藤井保文／著『ジャーニーシフト　デジタル社会を生き抜く前提条件』2022年、日経BP

<サービス>
- ヤン・カールソン／著『真実の瞬間』1990年、ダイヤモンド社
- 近藤隆雄／著『サービス・マーケティング　サービス商品の開発と顧客価値の創造』1999年、生産性出版
- クリストファー・ラブロック、ローレン・ライト／著『サービス・マーケティング原理』2002年、白桃書房
- 白井義男／著『サービス・マーケティングとマネジメント』2003年、同友館
- 近藤隆雄／著『新版 サービスマネジメント入門　商品としてのサービスと価値づくり』2004年、生産性出版
- 伊藤宗彦、髙室裕史／編著『1からのサービス経営』2010年、碩学舎
- マシュー・ディクソン、ニコラス・トーマン、リック・デリシ／著『おもてなし幻想　デジタル時代の顧客満足と収益の関係』2018年、実業之日本社

<マーケティング一般、他>
- フィリップ・コトラー／著『コトラーの戦略的マーケティング　いかに市場を創造し、攻略し、支配するか』2000年、ダイヤモンド社
- セオドア・レビット『マーケティング近視眼』DIAMONDハーバード・ビジネス・レビュー 2001年11月号、ダイヤモンド社
- 慶應義塾大学ビジネス・スクール／編『ビジネススクール・テキスト マーケティング戦略』2004年、有斐閣
- 石井淳蔵／著『マーケティングの神話』2004年、岩波書店（岩波現代文庫）
- ジェラルド・ザルトマン／著『心脳マーケティング　顧客の無意識を解き明かす』2005年、ダイヤモンド社
- B・J・パインⅡ、J・H・ギルモア／著『[新訳] 経験経済　脱コモディティ化のマーケティング戦略』2005年、ダイヤモンド社
- ドン・シュルツ、ハイジ・シュルツ／著『ドン・シュルツの統合マーケティング　顧客への投資を企業価値の創造につなげる』2005年、ダイヤモンド社
- 森行生／著『改訂 シンプルマーケティング』2006年、SBクリエイティブ
- 石井淳蔵、廣田章光／編著『1からのマーケティング 第3版』2009年、碩学舎
- 平野敦士カール／監修『大学4年間のマーケティング見るだけノート』2018年、宝島社
- 本田哲也／著『ナラティブカンパニー　企業を変革する「物語」の力』2021年、東洋経済新報社

著者プロフィール

高橋 徹（たかはし・とおる）
東京電力エナジーパートナー DX推進室

【略歴】マーケティング系コンサルティング会社にてデザイン営業や調査業務に従事した後、1995年に東京電力入社。一般家庭および法人分野の販売営業、プロモーション、営業企画、調査、賠償、事業戦略、アライアンスなどの業務に従事し、2022年より現職。家庭分野のマーケティングDXをリードし、顧客接点デザイン構想に基づく「くらしTEPCO web」開発などに携わる。一貫してマーケティングに強い関心を持ち続け、約20年間の構想を経て本書の執筆に至る。

電力マーケティング～その本質と未来～

2024年9月24日　初版第1刷発行

著　者　　高橋　徹
発行者　　間庭　正弘
発行所　　一般社団法人日本電気協会新聞部
　　　　　〒100-0006 東京都千代田区有楽町1-7-1
　　　　　TEL 03-3211-1555　FAX 03-3212-6155
　　　　　振替 00180-3-632
　　　　　https://www.denkishimbun.com/

印　刷　　日本印刷株式会社

乱丁、落丁本はお取り替えいたします。
本書の一部または全部の複写・複製・磁気媒体・光ディスクへの入力を禁じます。
これらの承諾については小社までご照会ください。
定価はカバーに表示してあります。

©Tooru Takahashi 2024 Printed in Japan　ISBN 978-4-910909-16-5 C3034